図鑑&飼育&繁殖

メダカの飼い方と増やし方がわかる本

めだかやドットコム
監修◎青木崇浩

日東書院

いろいろな種類のメダカ

**淡い色彩と上品な体形が
日本メダカの特徴であり、魅力です。**

ヒメダカ

日本メダカの代表的な改良品種で、昔から広く知られています。丈夫で手に入りやすいので、初めてメダカを飼う人におすすめです。

ヒメダカ

青メダカの仲間

青メダカのヒレや頭部に黄色の色素が入ると、シルバーと呼ばれるメダカになります。

青メダカ

青ヒカリメダカ

白メダカの仲間

全身が白く輝く、人気のメダカです。体が白いのはメラニン色素がないためですが、完全なアルビノではないので目は黒色です。

白メダカ

白ヒカリダルマメダカ

白ヒカリメダカ

白透明鱗メダカ

楊《よう》貴《き》妃《ひ》メダカの仲間

鮮やかな朱赤色が美しいメダカ。ミニチュアの金魚のような姿が人気です。

楊貴妃メダカ

楊貴妃ヒカリメダカ

楊貴妃透明鱗メダカ

楊貴妃ヒカリダルマメダカ

楊貴妃透明鱗ヒカリメダカ

アルビノメダカの仲間

全身が白く透き通ったメダカです。生まれつきメラニン色素がなく、目が赤いのは血の色が透けているためです。

アルビノヒカリダルマメダカ

アルビノメダカ

アルビノヒカリメダカ

アルビノ透明鱗メダカ

ピュアブラックメダカの仲間

体の色が真っ黒なメダカ。目が点のように小さく、このような特徴を持つメダカは「スモールアイ」と呼ばれています。まるで小さなサメのようです。

ピュアブラックメダカ

ピュアブラックヒカリダルマメダカ

ピュアブラックダルマメダカ

黄金《おうごん》メダカの仲間

名前の通り黄金色の体色をしています。背景が暗くても映えるので、屋内だけでなく屋外での鑑賞にも向いています。

ピュアブラック黄金メダカ

黄金メダカ

ピュアブラック黄金透明燐メダカ

ミユキ（螺《ら》鈿《でん》光《こう》）メダカ

個体により光の幅や大きさは異なりますが、尾から頭にかけて輝きます。一時は、血統を守るため一部の専門家によって門外不出とされてきました。

ミユキ（螺鈿光）メダカ

琥珀《こはく》メダカの仲間

琥珀色の体に尾ビレのオレンジが混じるメダカ。光の当たる角度で色の濃さが変わり、神秘的な印象を与えます。

琥珀メダカ

琥珀ヒカリメダカ

琥珀ダルマメダカ

琥珀ヒカリダルマメダカ

目前《めまえ》メダカ

名前の通り目が斜め前をむいており、上から見ると出っぱっているのが特徴。正面から見ると目が合っているかのようです。

目前メダカ

出目メダカの仲間

上から見るとよくわかる、出っぱった目が特徴。愛嬌のある表情に多くのファンが魅了されています。

出目ダルマメダカ

出目パンダダルマメダカ

出目ヒカリダルマメダカ

出目パンダメダカ

出目メダカ

はじめに

親しみやすく、愛らしい「メダカ」

一昔前は、日本各地の池や川でメダカの姿を見かけることができました。「メダカの学校は、川のなか…」と童謡で歌われてきたように、メダカはごく身近な生き物として親しまれていたのです。しかし戦後、日本は高度経済成長をとげ、それにともない都市開発が急速におし進められてきました。自然環境の破壊によってメダカの数も激減し、今日では、一部の日本メダカは絶滅危惧種に指定されています。

その一方で、メダカを保護し、繁殖させていこうという動きも進んでいました。メダカの愛好家や専門店の人々が、野性のメダカを研究し、交配を重ねることによって、新しいメダカをつくり出してきたのです。それらの品種改良メダカは、体形や体色にそれぞれ特徴を持っています。そして観賞用のメダカとして人々の心を魅了し、メダカ愛好家の数を着々と増やしていったのです。

メダカは、日本で一番小さな淡水魚です。野生メダカ、品種改良メダカをとわず、そのかわいらしい体形と奥ゆかしい体色に、きっと心癒されることでしょう。また飼育・繁殖がかんたんで、お金がかからないことも大きな魅力。誰でも気軽に、メダカを楽しむことができます。生き物であることを忘れず、愛情と責任を持って、メダカをかわいがってください。小さなメダカの大きな魅力に、きっと夢中になることでしょう。

それではみな様、メダカの世界へようこそ。

メダカ７ヵ条

❶ 最後まで愛情と責任を
持って飼う

❷ １日２回はメダカの様子を見る

❸ 水槽をたたいて驚かせたり、
かまいすぎない

❹ メダカの命は「水」。
水槽をきれいに保つ

❺ １リットルに１匹。
水槽には余裕を持つ

❻ エサを与えすぎない

❼ 飼育したメダカを
自然界に放流しない

Contents

chapter③ 屋外でメダカを飼う……065

chapter④ メダカの繁殖……075

Column

わが家のメダカ

メダカが家にやってきたら、
よく観察して特徴や飼育環境を記録しましょう。
病気や水質悪化の防止に役立ちます。
メダカの数だけコピーして書き込んでくださいね！

名前

品種

あなたのメダカの
写真をはってね

性別

オス　メス

飼育開始日

年　月　日

飼育環境

屋内　屋外

飼育数

匹

エサの種類

ドライフード　冷凍のエサ　活餌

エサの頻度

回

繁殖させたことが

ない　ある（掛け合わせ相手の品種　）

病気になったことが

ない　ある（病名　）

chapter

1

メダカを知る

知っていそうで知らないメダカのこと。
体のしくみやその生態には、
メダカの奥深い魅力があります。

1-1

メダカってどんな魚？

飼う前に、まずはメダカという魚を知ることから始めましょう。

Q メダカって、何年くらい生きるの？

A 寿命は１～２年

平均寿命は1～2年。なかには4年以上生きた例もあるといわれています。ただし水温が急激に変化するなど飼育環境が適切でなかったり、もともと弱い個体はすぐに死んでしまうこともあります。

Q メダカは絶滅寸前と聞いたけれど…？

A 一部は絶滅危惧種に指定されています

急速な都市開発や農薬汚染により、「絶滅危惧種」として環境省のレッドリストに掲載されています。しかし近年は保護活動などの効果により、メダカの数は増えつつあるともいわれています。

Q 日本のメダカは、外国のメダカとどう違う？

A 奥ゆかしい日本メダカ、鮮やかな外国メダカ

日本メダカの魅力は、何といってもそのシンプルで奥ゆかしい形と色です。一方外国のメダカ類は、グッピーのように鮮やかな種類が多いことが特徴です。自分の好みはどちらか、よく考えたうえで飼うことが大切です。

Q 品種改良メダカって、どういうメダカ？

A 突然変異種を繁殖させたメダカ

野生のメダカが突然変異し、めずらしい色や形のメダカが生まれることがあります。そのメダカを繁殖させ、ひとつの種類にしたのが品種改良メダカです。どちらもお店で入手することができます。

Q 野生のメダカと品種改良メダカの特徴は？

A どちらも、"日本らしい"色と形が特徴

野生のメダカは黒メダカとも呼ばれ、グレーや黒ずんだ少し地味な色をしています。一方、品種改良メダカはさまざまな形をしており、色の種類も豊富です。しかし派手ではなく、日本らしい控えめな色合いが特徴です。

屋内でも、屋外でも飼える丈夫な魚

日本のメダカは、その小ささゆえに弱い魚だと思われがちですが、実はとても丈夫で育てやすい魚です。環境の変化にも比較的強いため、熱帯魚のように複雑な道具や手間は必要ありません。飼育費用が安く、誰でもかんたんに飼うことができるのです。

また、メダカは条件さえ守れば屋内でも、屋外でも飼うことができます。品種改良メダカのなかには横から見て美しい品種もいるので、その場合はガラスやアクリルの水槽で飼育するのがよいでしょう。上から見て美しい品種の場合はスイレン鉢を室外に置いて飼育すると、水槽とはまた違った趣があります。

かんたんに繁殖ができるのも楽しみのひとつ

ちょっとしたコツをつかめば、メダカのメスが産んだ卵はどんどんふ化していきます。今まで魚を飼育したことがない人でも、産卵から成魚になるまでかんたんに育てることができるのです。この繁殖の容易さも、メダカの魅力のひとつ。生まれたての赤ちゃんメダカが泳ぐ姿を見れば、そのあまりにもかわいらしい姿に、きっと愛情を覚えることでしょう。またエサをどんどん食べて大きくなっていく過程は、生命の強さを教えてくれます。

メダカは金魚や鯉に比べて飼育・繁殖の歴史が浅く、これからの発展が期待できる生き物です。新種のメダカが、あなたの水槽で生まれるかもしれません。

愛らしいメダカが住む水槽は心を癒してくれる

自然に近い環境で生きるメダカを見られる

メダカにも性格がある

メダカはふつうむれになって泳ぎます。これは外敵から身を守るため、持って生まれた性質です。ところが、なかにはむれに入らないメダカもいます。一匹オオカミならぬ“一匹メダカ”。メダカにも持って生まれた性格があるようです。

メダカのからだ

日本一小さな淡水魚の「メダカ」。
体のパーツを観察して、オスとメスの特徴を見分けます。

背ビレ
オスはギザギザ。メスは丸みを帯びています

背中
ほかの小魚に比べて、平らな背中をしています

えら蓋
呼吸に合わせて、開閉します

口
水面のエサを食べやすいように、上むきについています

尾ビレ
大きくて長く、オスとメスで形が異なります。写真はメス

尻ビレ
オスとメスで形が異なります。交配のとき、オスは尻ビレでメスをしっかりと抱き寄せます

腹ビレ
交配のとき、オスの腹ビレは黒く変色します

感覚器官のみぞ
このみぞで、水の動きを感じ取ります

目
エサや外敵を見つけやすいように、上むきについています

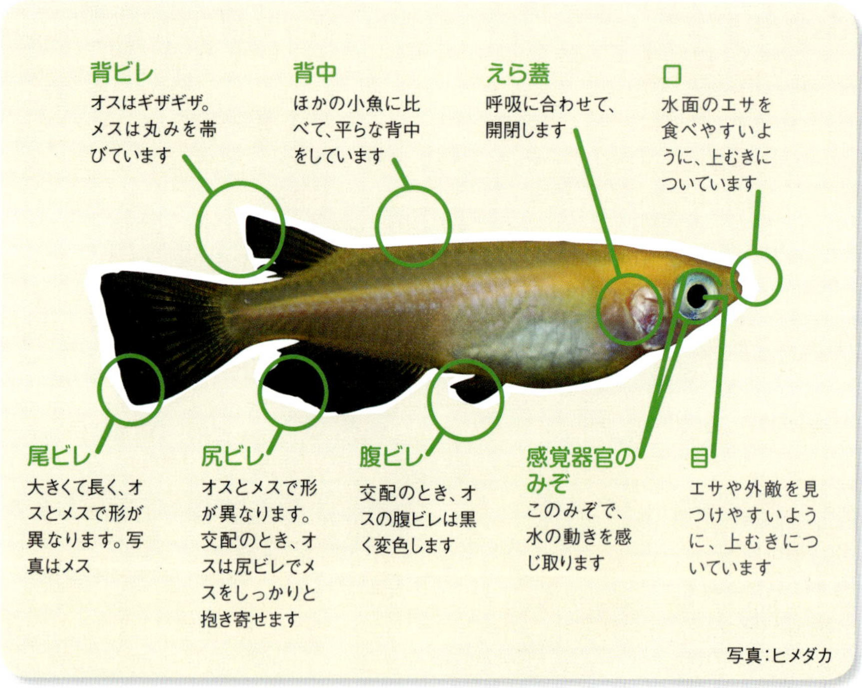

写真:ヒメダカ

体の特徴からついた「メダカ」の名前

メダカの全長は、わずか3〜4㎝。日本一小さな淡水魚です。最大の特徴は、何といっても目が大きく、高い位置についていること。これが目高=メダカの語源ともいわれています。背中は平らで、背ビレは尻ビレよりうしろにあります。

しかし、品種改良メダカのなかには、スモールアイといった小さな目が特徴のメダカもいます。また、ヒカリメダカのヒレは、オス・メスともに体の横一線から左右対称に同じ形をしています(これを「転写」といいます)。

背ビレがメスより大きく
切れ込みがある

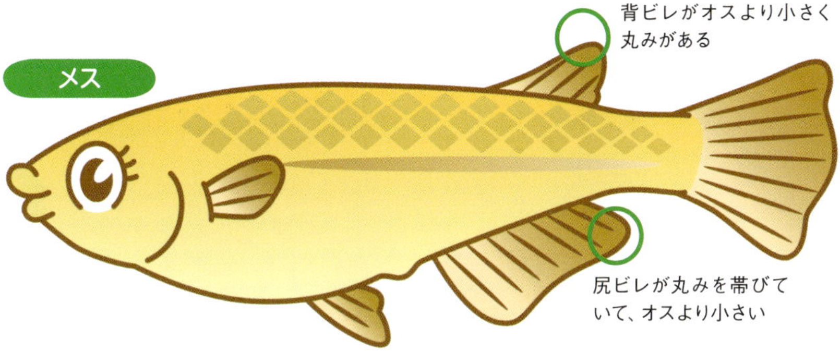

オスとメスの違いは「背ビレ」「尻ビレ」で見分ける

メダカのオスとメスは、横から見るとかんたんに見分けられます。
オスの背ビレはメスより大きく、ギザギザした形が特徴です。オスの尻ビレもメスより大きく、やや台形です。一方メスの尻ビレは三角形に近い形をしています。産卵期になると、オスの尻ビレは白く変わります。
体の形はオスよりメスのほうが丸く、肛門部分もオスとメスでは違います。しかしやはり、ヒレの形で見分けるのが一番かんたんです。

ヒカリメダカは、ほぼ線対称にヒレがついています。そのため、ほかのメダカよりも背ビレが大きく、尾ビレがひし形なのが特徴です。

1-3

メダカの暮らし

身近だけど、知らない魚。
メダカが冬眠するって知っていますか？

太陽とともに寝起きするメダカの1日

自然界のメダカは日の出とともに動き始め、エサを食べたり、産卵期のメスは産卵して過ごします。日が暮れてあたりが暗くなると動きが鈍くなり、眠りにつきます。メダカにかぎらずどんな魚も眠りますが、まぶたがないので、外見から判断するのは難しいかもしれません。ちなみに、生まれてから一生泳ぎ続けるマグロも、泳ぎながら眠ります。

池や沼地、水田など流れのゆるやかな場所を好む

池や沼、河川が住みか

野生のメダカは、日本各地の池や沼、河川などの淡水に生息しています。また昔から、田んぼに住む魚としても親しまれてきました。水草の生えた陽だまりの浅瀬は流れがゆるやかでエサとなる微生物がたくさんいるため、メダカをよく見ることができます。ほかの淡水魚と比べて塩分への耐性が高いので、海や湖近くの河川下流域で見られることもあります。

コンクリート護岸されていない、水草や苔のある場所を好む

メダカの冬眠

自然界のメダカは、冬になるとしばしの眠りにつきます。春がきて水温が上がってくると、水面近くに浮いてきてエサを食べ始めます。水槽やスイレン鉢で飼育されているメダカも、水温が5度以下になると冬眠します。水底でじっと動かず、仮死状態になって暖かくなるのを待つのです。

約3ヵ月で成魚に

メダカの卵が稚魚になり、大人になるまで約3ヵ月。さまざまな変化を経てメダカは成長していきます。メダカのメスは産卵期を迎えると毎日少しずつ卵を産みます。同時に産卵された卵でもいっせいにふ化することはまれで、時期をずらしてふ化することがほとんどです。当然大きさに違いが出てきてしまいますが、これは子孫を確実に残すための知恵なのです。

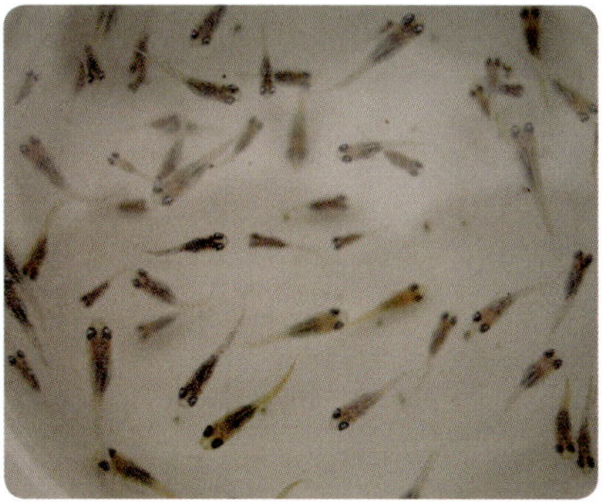
稚魚が泳ぐ姿はとても愛らしい

ふ化後1日〜3日

ふ化してから3日くらいまでは、おなかに蓄えた栄養で大きくなるためエサを食べません。3日後からは食欲旺盛になりますが、この時期にうまくエサを食べられないと、稚魚は死んでしまいます。

ふ化後7日〜14日

この時期は針のように小さいので、針子と呼ばれます。ふ化から14日をすぎれば、安心はできませんが最難関は突破したと考えてよいでしょう。エサをたくさん食べ、どんどん成長していきます。

ふ化後1ヵ月〜3ヵ月

1ヵ月をすぎると稚魚と呼べるようになり、形もメダカらしくなってきます。3ヵ月頃になると、体形やヒレの形もオスはオス、メスはメスらしくなってきます。メスの体ではそろそろ産卵の準備が始まります。

メダカのなわばり

メダカは仲間を見ると近づく習性があるため、たいていむれをつくります。群れをつくると、みな同じ方向をむいて泳ぎます。童謡「めだかの学校」のイメージは、このむれで泳ぐ姿から生まれたのでしょう。
池や小川など自然界で群れをつくっているメダカには、あまりなわばり行動は見られません。一方水槽のメダカの群れには、時おりケンカや小競り合いといったなわばり行動が見られます。しかし、なわばり行動で弱いメダカが殺されることはありません。群れはメダカの種類によってつくられているわけではないので、水槽に入れる種類を気にする必要はありません。ただし、アルビノの子供は生まれつき視力が弱く、エサをうまく食べられません。水槽を別にしてあげるとよいでしょう。

仲よく群れで泳ぐメダカ

1-4

メダカの分布

品種改良メダカの原点となった野生のメダカは、日本各地に生息しています。

日本のメダカ

野生のメダカは世界各地に生息していますが、日本メダカは北海道と琉球列島を除く日本全土、また韓国や中国の一部に生息しています。

日本では、メダカは昔から田んぼの近くでよく見られました。稲の学名オリザ（*Oryza sativa*）と日本メダカの学名オリジアス・ラティペス（*Oryzias latipes*）はよく似ています。その名が示す通り、稲作地帯とメダカの分布はよく一致しているのです。

日本のメダカは遺伝子レベルで大きく北日本集団、南日本集団に分類され、南日本集団はさらに9つの種に分けられます。

全長約3～4cmの日本メダカ（黒メダカ）。自然環境に生息しているメダカのほとんどがこの種類

日本メダカは、生息地に自然環境が多いため、「野生メダカ」「天然メダカ」などとも呼ばれる

海外のメダカ

海外では、おもに東南アジアに広く分布しています。とくに知られているのがグッピーとジャワ・メダカです。グッピーはシンガポール、ジャワ・メダカはインドネシア、タイ、マレーシア、カンボジアの沿岸域に生息しています。

海外には日本メダカのようにシンプルな色、形のメダカも存在しますが、グッピーのように派手な色をしたメダカも数多く存在し、広く親しまれています。日本メダカとは似ても似つきませんが、同じメダカの仲間です。

グッピー

原産：ラテンアメリカ

古くから熱帯魚として親しまれている。日本の自然界ではほとんど目にすることはない

ジャワ・メダカ

原産：インドネシアなど

日本にも、インドネシアから大量に輸入されている

宇宙メダカの誕生

1994年、宇宙飛行士の向井千秋さんは、4匹のメダカを宇宙に連れて行きました。その4匹は、理由もなく選ばれたのではありません。「無重力でも平衡感覚を保って泳ぐことができるメダカ」として、さまざまな研究のすえに選ばれたのです。研究者は、種々の系統のメダカをジェット機に乗せ無重力状態をつくり、ついに無重力に強いメダカの系統を探し当てました。4匹のメダカは、15日間の宇宙飛行中に合計43個の卵を産卵し、その卵から8匹がふ化しました。メダカは「宇宙で誕生した初めての脊椎動物」となったのです。さらに研究を進めると、無重力に強いという性質は親から子へ、孫へと確実に遺伝していることもわかりました。

Column

更紗《さらさ》メダカ

メダカには珍しい、オレンジや黒の斑模様がランダムに入った品種です。

更紗メダカはヒレや体にオレンジ色の斑模様がランダムに入っています。更紗メダカの体にさらに黒のブチが入ると「ニシキ」になります。まるで錦鯉を連想させる艶やかな姿に、多くのメダカファンが魅了されています。

更紗メダカ

更紗メダカ　ニシキ

更紗メダカ　ニシキ

chapter

2

屋内でメダカを飼う

どんな種類のメダカを飼うか決めたら、さっそく準備開始。
エサのことから鑑賞のための水槽レイアウトまで、
屋内で飼うために必要なことを知りましょう。

2-1

メダカを飼う前に知っておきたいこと

メダカを、飼い始める前に！準備しておきたいものと心得。

メダカは生き物。愛情と責任を持って飼育する

メダカは丈夫な魚です。飼育には、それほど手間もお金もかからないため、誰でもかんたんに飼うことができます。
しかし、間違った飼い方をしたために、ある日突然全滅していたということもめずらしくありません。
メダカを飼い始めたら、最後まで愛情を持って、正しい飼育方法で育てることが飼い主の責任です。メダカは小さくても生き物。一時の気分で安易に飼うべきではないことをよく考えましょう。
本書に記された基本飼育法を参考に、メダカを健康に育ててください。

check！ 飼う前の心構え

- □メダカは毎日愛情を持って育てることが大切
- □メダカのエサやり、水換えには多少の手間がかかる
- □メダカやメダカのエサ、道具には多少のお金がかかる
- □メダカの飼育には正しい知識が必要
- □メダカは小さくても生き物。世話する自信がなければ飼わない

メダカを飼う前の準備

メダカを育てる場所によって、道具や方法が異なります。

Step1 屋内で飼うか、屋外で飼うか

屋内で飼う場合、秋冬に水温調節をすれば、ほぼ1年を通してメダカを鑑賞することが可能です。横から見てきれいな品種改良メダカを透明な水槽に入れれば、優美な姿をいつでも楽しむことができます。
ヒカリメダカなど上から見て美しいメダカの場合は、屋外のスイレン鉢などで飼育すると、水槽とはまた違った趣があります。庭がある場合は、ビオトープをつくってメダカを放流するのもよいでしょう。屋内よりも屋外のほうが、手間も少なくかんたんに飼うことができます。

Step2 飼育道具をそろえる

まず最低限必要なものは、飼育容器とエサです。屋内でも屋外でも、メダカを入れる容器の水量が一定（1匹あたり1リットルが理想）以上あれば飼育できます。エサはペットショップなどで売っていますので、できれば稚魚用、成魚用と2種類用意しておきましょう。またメダカを別の水槽へ入れ替えたり、水の中のゴミを取るために、小さなアミがあると便利です。

メダカには熱帯魚のように大がかりな道具は必要なく、水質をきれいに保てば健康に育ちます。最初のうちはエアポンプやフィルターも、必要ありません。メダカの飼育に慣れてきたら、必要性を見て、徐々にそろえます。

check！ 最初に必要なもの

- □水槽などの容器…水槽はガラス製なら傷つきにくい
- □エサ・・・できれば2〜3種類用意しておきたい
- □アミ・・・メダカの入れ替えや、水中のゴミを取る
- □水・・・カルキ抜きした水（1匹あたり1リットル）

カルキ抜きをした水

隔離用の容器

check！ あると便利なもの

- □水温計・・・微妙な水温の変化がすぐにわかる
- □底砂利・・・メダカに安心感を与え、水をきれいに保つ
- □水草・・・水質を浄化したり、メダカのかくれ場所にもなる
- □エアポンプ・・・水のなかに酸素を送る。飼育数が多いときは必要
- □フィルター・・・汚れた水をろ過する。投げ込み式や外掛け式など
- □隔離用の容器…病気の治療や稚魚の育成に

アミ

エサ

Step3 水槽はどこに置く？

水槽は、窓際など日光の当たる場所に置きます。太陽の光によってメダカの生活リズムが安定し、水草の光合成が促進され水質浄化に役立つからです。ただし、夏に直射日光が当たると水温が急上昇し、最悪の場合、メダカがショック死することもあります。よしずやカーテンなどで影をつくり、日の当たり加減を調節してください。

check！ 水槽を置くのに適しているのは…

- □日の当たる場所
- □安定した場所

注意！ 置いてはいけない場所

- □家電のそば・・・感電のおそれがあるのでなるべく離す
- □棚の上など高い場所・・・落下の危険性を防ぐ
- □不安定な場所・・・水槽が倒れる危険性を避ける

2-2

水槽をセットする

水槽に入れる水は
1匹1リットルが目安。
前もってつくっておいた
水を使います。

水槽の大きさと飼育数

水槽の大きさは、過密飼育を避けるため「メダカ1匹につき1リットル」の水が入ることを基準に選びます。

飼育するメダカが少なければ小さな水槽でも飼育できますが、金魚鉢のように入り口が狭いものは避けてください。自然界のメダカは酸素を多く取り込めるような浅瀬に住んでいますので、水槽もまた表面積が広ければ広いほどよいのです。

check!

水槽の大きさと飼育数の目安

サイズ	容量	飼育数
30cm水槽 (30×19×25)	12リットル	10～12匹
45cm水槽 (45×24×30)	27リットル	20～25匹
60cm水槽 (60×30×36)	56リットル	45～50匹

水槽づくりの手順

① 水をつくる

水槽に水道水をそのまま入れるのは厳禁。水道水の塩素(カルキ)はメダカに大きなストレスを与えます。水道水を日光の当たるところに約1日置き、水をつくります。

② 底砂利を洗う

バケツなどの容器に底砂利と水を入れ、手で混ぜるようにして洗ってゴミなどを取り除きます。洗浄済みのものや、砂を洗う必要はありません。

③ 水槽をセットする

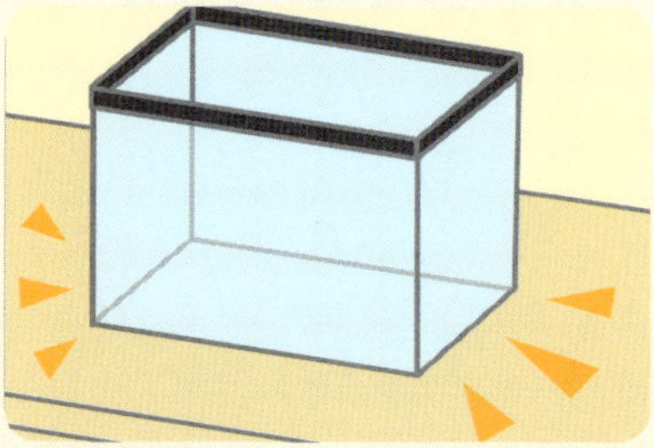

水槽を置く場所は、なかに砂利や水を入れる前に決めます。砂や水を入れたあとでは、水槽が大変重くなり、移動させるのが難しくなるからです。

④ 底砂利を敷く

水がにごるのを防ぐため、底砂利や砂は高くても5㎝くらいまでにします。底砂利や砂が低くても、水草を植えづらくなることはありません。

⑤ 水を入れる

水はていねいに注ぎます。勢いよく入れると、底砂利や砂が水中にまって、にごってしまいます。底に皿などを置いて水を受けると、にごらせずに水を入れることができます。

⑥ ゴミ取りをして完成

水面や水中に浮かんでいるゴミを静かにアミですくい取り、きれいにします。水草や石などを入れる場合は、水を入れてからレイアウトします。

水をつくる

メダカにとって「水質」と「命」は同じですので、水は新鮮なものを使います。ただし水道水をそのまま使用するのは厳禁。水槽には必ず「あらかじめつくった水」を入れ、塩素（カルキ）やphによるショックからメダカを守ることが重要です。

1 日光に当てる

水道水からカルキを抜くため、1晩くみ置きしたものを使います。その際、昼間は日光に当てておきます。

2 中和剤を使う

市販の中和剤を使用してもよいでしょう。ただし中和剤は、新鮮な水に使うことを心がけます。

フィルターを入れる場合

フィルターは、ウールによって汚れをこし取ったり、バクテリアによって有害物質を無害に変え、水槽の水をきれいに保つはたらきをします。ただし水1リットルに対しメダカが1匹の割合で、なおかつきちんと水換えをしていれば、とくに必要ありません。

注意！ その1

フィルターにはエア式とモーター式がありますが、モーター式の場合は水流が速くなることがあります。メダカは速い水流を嫌いますので、給水口を壁にむけるなどの工夫が必要です。

注意！ その2

フィルターを設置したとき、水槽に十分な数のバクテリアがいないと逆に有害なアンモニアが発生してしまうことがあります。設置してすぐは、水槽内のメダカの数を減らすなどの工夫をします。

注意！ その3

日中に光合成した水草は、夜間に二酸化炭素を吐き出します。そこへフィルターで二酸化炭素を足してしまうと、メダカが酸欠になるおそれがあるので、夜間はフィルターの電源を切るようにします。

2-3

メダカが好む水草

水草には水槽を美しく見せるだけでなく、
水を浄化させる役割もあります。

水草の役割

もともと、メダカの生息地にはいろいろな種類の水草が生い茂っています。水草は、光合成をすることで酸素を放出したり、水のなかの余分な養分を吸収して水質を浄化します。また急な水の流れをゆるやかにして、メダカにとって格好のかくれ家や産卵場所となるのです。

もちろん、ゆらゆらと水中に揺れる水草には、水槽をより自然に美しく見せるという利点もあります。ここではとくに初心者にも育てやすい水草を、いくつかご紹介します。

ウォータースプライト

水陸両用で、水面に浮かべても底砂に植えても素敵です。丈夫でよく育ち、値段もお手頃。育ちすぎた場合、適度に間引く必要があります。

アナカリス（オオカナダモ）

水のなかに浮かべておくだけでもよく育つ、丈夫で繁殖力旺盛な水草です。もちろん底砂に固定することもできます。

カボンバ

メダカの飼育に使われる水草の定番のひとつで、産床としても適しています。別名「金魚藻」として売られていることもあります。

マツモ

根をはらず、水中にただよって成長しますが、下の部分を砂に埋めて固定することも可能です。成長が早く、とくに屋外でよく育ちます。

アンブリア（キクモ）

細い葉が丸く並んだ形と、明るい黄緑が魅力的。水槽に入れると雰囲気がやわらぎます。繊細な風貌ですが、丈夫でよく育ちます。

ウィローモス

石などに糸でくくりつけると、その表面をおおうように育ちます。産卵が比較的下手なダルマメダカの産床に適しています。

バリスネリア

日本の河川に多い水草。テープのような形のしなやかで柔らかい葉が、水槽のなかでほかの水草とよい対比になります。

水草を植える

水槽に水草を植えるタイミングは、水槽に水を入れたあと、メダカを入れる前が最適です。すでにメダカが入っている水槽に水草を入れる場合は、一度メダカを水槽からアミで静かにすくい出し、別の容器に水槽の水と一緒に入れて待機させておきます。水草を植え終えたら、静かにメダカをもとに戻します。

数種類を組み合わせる

水草を数種類組み合わせるときは、同じ種類の水草をまとめて植えるときれいです。ただし入れすぎると水中の酸素がなくなり、メダカの酸欠をまねきます。メダカにとって住みやすく、かつ美しい水槽をつくりましょう。

2-4

健康なメダカの選び方

健康なメダカの特徴をしっかり見分けて、よいメダカを手に入れます。

元気なメダカは…

1. 体にハリがあり、丸々としたメダカ
2. 体に傷のないメダカ
3. 水槽の中層のあたりを泳いでいて、動きが活発なメダカ
4. 泳ぐとき、ヒレを大きく開いているメダカ

避けたほうがよいのは…

1. 体にハリがなく、細いメダカ
2. 体に傷があったり、ヒレの形の悪いメダカ
3. 水面に浮いたまま、または水底に沈んだままのメダカ
4. 横から見たときに背骨が曲がっているメダカ

いつ、どこで手に入れる?

メダカを飼い始めるのは、メダカが活動する春先〜秋頃までがおすすめです。冬場の低い水温ではメダカの動きがにぶく、また水温管理もほかの季節と比べて少し難しくなります。自然界のメダカは冬眠しているため、つかまえるのは難しいでしょう。

お店で買う場合

ペットショップなどで健康なメダカを手に入れるには、管理のしっかりしたお店を選ぶことがポイント。水槽に死んだ魚が入っていたり、水槽が白くにごっているようなお店は避けたほうが無難です。水質管理に問題があり、メダカが病気を持っている心配があるからです。お店では水槽の大きさに対してメダカの数が多いのが一般的ですので、さほど神経質になる必要はありません。しかしあまりに過密な飼育をしているお店はおすすめできません。

川や田んぼでつかまえる場合

メダカをつかまえたときは、上にあげたポイントを満たす元気なメダカだけを持ち帰るようにしましょう。傷がある、背骨が曲がっている、ヒレの形が悪い、体が細いなどの特徴があるメダカは、連れ帰っても弱ってしまうことが多いので、つかまえた場所に返してあげてください。

人からもらう場合

人からもらう場合、自分で健康なメダカを選ぶことができません。もらったメダカに元気がなかったり、病気のメダカが混ざっていた場合は、ほかの容器に隔離し、治療してから水槽に入れます。飼えないからといって、メダカを近くの自然に放流してはいけません。

インターネットで買う場合

インターネット上にもメダカのお店はたくさんありますが、よいお店も、おすすめできないお店もあります。メダカを選ぶ一番の方法は「自分の目で見ること」につきるので、インターネットで買うのはメダカの飼育に慣れてきてからのほうが無難です。

最初は、丈夫で飼いやすい品種から

黒メダカは、自然界でもお店でも手に入り、丈夫で育てやすいのでおすすめです。また改良品種であるヒメダカも美しくて丈夫なので、初心者にはうってつけのメダカ。ただし、大量養殖のせいか体形がいびつだったり、あまり健康状態のよくない個体も混ざっていることがあるので、選ぶときに注意します。同じく改良品種である白メダカ、青メダカも比較的丈夫で飼いやすい品種です。

ヒメダカ

白メダカ

青メダカ

こんな品種は難しい

アルビノメダカ
視力が弱いためエサを見逃しやすく、競争に強くない

ダルマメダカ
ほかのメダカに比べて泳ぎが下手なので、競争に強くない

お店から家に連れて帰るとき

ほとんどのお店では、メダカを水と酸素の入ったビニール袋に入れてくれます。袋のなかはメダカにとって心地よい環境なので、あわてて帰宅しなくて大丈夫。しかし移動中、メダカにストレスを与えると弱ってしまうので、つついたり揺らしすぎたりしないように注意します。

郵送で家に届くとき

発送時には元気だったメダカが、家に着く頃にはぐったりしていることもあります。事前に水をつくっておき、できるだけ早く引っ越し作業をしてください。

注意！

メダカがやってくる前に

メダカがやってくるとわかっているときは、できるだけ前もってメダカの水をつくっておきましょう。ただし、水をつくっておいたからといって、すぐにそのなかにメダカを入れてはいけません。次ページからの「引越し」作業をして、徐々にメダカを慣らしていくことが肝心です。

2-5

メダカの引越し

メダカは急な環境変化に弱いので、
水槽の水に少しずつ慣らしていきます。

メダカを水に慣らす「水合わせ」

家に着いたらメダカの入ったビニール袋をあけて、そのままつくっておいた水槽にメダカをぽちゃん・・・ではいけません。購入したメダカをそのまま水槽に入れると、水温とphの急激な変化でショックを起こすおそれがあり、最悪の場合は水槽に入れたあと、すぐに全滅してしまいます。ショックを避けるため、水槽に入れる前にメダカを水に慣らしていく「水合わせ」が必要なのです。

最初が肝心！

「水合わせ」とは、水を1日置いて塩素（カルキ）を抜いた水に、メダカを徐々に慣らしていくこと。「めんどうだな」、と感じるかもしれませんが、この最初のひと手間が肝心です。メダカを健康に長生きさせるためには「急激に環境を変えない、徐々に慣らしていく」ことを忘れないでください。
ひとたびメダカが順応すれば、丈夫にすくすくと育っていきます。

「水合わせ」の step

1 ビニール袋ごと水槽に浮かべ、30分置く

2 ビニール袋のなかに水槽の水を少し入れ、なじませる

3 メダカを袋からアミでそっとすくい、水槽に移す

NG 元気のないメダカを一緒に入れる

買ってきたなかに元気のないメダカがいたら、水槽に入れないでください。ほかの健康なメダカも病気になってしまうおそれがあります。ビニール袋の水と病気の個体は別の容器に移し入れ、隔離して治療しましょう。

point もっとていねいな「水合わせ」…2、3回繰り返す

① ビニール袋ごと水槽に浮かべ、10 分置く。ビニール袋に水槽の水をコップ半分くらい入れる

② 水槽に浮かべたまま 10 分。もう一度、ビニール袋に水槽の水をコップに半分くらい入れる。2、3回繰り返して完了

1週間は注意して観察

1日目の様子

まずはエサを少なめに与えてみましょう。与えた分をすっかりたいらげるようなら、徐々に適量まで増やしてください。万が一死んでしまったら、病気を持っていた可能性もありますので、水槽の水を取り換えます。

2日目～1週間後の様子

最初はおとなしいメダカも、だんだん環境になじんで元気に泳ぎだす頃です。もし、まだ泳ぎ方がたよりなかったり、元気がなかったら、その個体を別の容器に隔離して様子を見ましょう。病気を持っている可能性があります。

注意！ こんなことはしないで

水槽をたたいたり、エサをやりすぎたり、かまいすぎるとメダカにストレスを与えてしまいます。環境になじむまで、そっと見守ってあげましょう。

メダカの引っ越し

メダカを飼い始めた人から、「急な環境の変化で死なせてしまった」という話をたくさん聞きます。私にも経験があります。2月に子メダカを買い、水合わせをして、屋外の水槽に入れました。しかし、次の日には、すべて死んでしまっていたのです。その時期の養殖場では、ヒーターが入った水槽でメダカを育てていたので、水合わせをしても、子メダカたちは屋外の水温に耐えられなかったのです。

2-6

メダカが好む水質と水温

メダカが元気で健康でいるために、最適な水質と水温があります。

1日くみ置きした「水道水」がお手軽で安全

メダカがよりきれいな水を好むのなら、井戸水や、ペットボトルのミネラルウォーターのほうがよいのでは？　そう考える人も少なくありません。悪くないアイデアですが、井戸水やペットボトルの水は、土地や品物によって水質が異なります。メダカを飼育するには、その水が最適なphである必要があるので、水質を合わせなければなりません。しかし幸いなことに日本の水道水は細菌や有害物質が少なく、世界で最もきれいなレベルに属しています。1日くみ置けば滅菌に使用された塩素やカルキが空中に放出され、飼育に適した水になります。水槽に入れる水には、水道水をくみ置いたものを使うのが、一番確実で手間のかからない方法なのです。

注意！ 使ってよい水、ダメな水

◎水道水　○井戸水　○河川水　△ペットボトルのミネラルウォーター　×海水　×お湯

point ph（ペーハー）って？

ph（ペーハー）とは、酸性かアルカリ性かを測る尺度で、メダカに最適なのはph6.5〜7.5、繁殖を促すには弱酸性がよいといわれています。一方、メダカを飼育していると水槽のphは酸性に傾き、水質が酸性に傾きすぎると病気が発生しやすくなります。しかし水さえきれいに保っていれば、メダカは適応範囲が広いので、熱帯魚のようにphに気を使う必要はありません。phを測るにはペットショップで水質検査キットが売っていますので、興味がある人は買ってきて調べてみるのもよいでしょう。

グリーンウォーターは稚魚育成に最適

メダカを飼育していると、いつの間にか水が緑色になっていることがあります。この水をグリーンウォーター（緑水）といいます。グリーンウォーターはクロレラや緑藻類などの植物プランクトンが繁殖したもので、メダカにとってはとても栄養価の高いエサとなります。ただし、メダカが鑑賞しにくくなったり、水草と同様増えすぎるとメダカが酸欠を起こすことがあるので注意が必要です。

グリーンウォーターのつくり方

水槽を外に置き、メダカを入れ、1週間〜10日程待つと緑化してきます。これでグリーンウォーターは完成です。すでにグリーンウォーターがある場合、その種水を少し入れた水槽を日光が当たる場所に置くと、1週間ほどで水は緑化します。

グリーンウォーター

15～28度が最適な水温

メダカは変温動物なので、徐々に温度が変化していった場合、40度の高温や、氷がはるような低温にも耐えることがあります。しかし極端に温度が高かったり低かったりすると、メダカも弱っていきます。だいたい、15度を下回るとだんだん元気がなくなり、0～5度まで下がると水底でじっとしてほとんど動かなくなります。また30度を上回ると元気がなくなり、食欲も落ちます。急激な温度変化はメダカにとって大変なストレスを与えますので避けるようにします。メダカにとっての理想は15～28度の範囲です。水温が最適に保たれれば、メダカは食欲も旺盛で元気です。また、メスはよく産卵します。

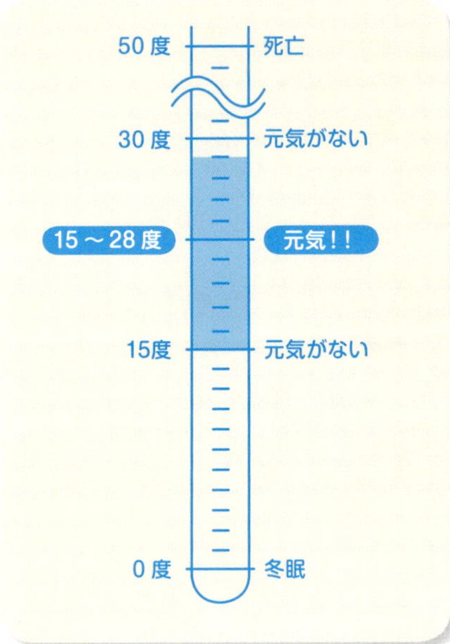

室内がとても冷え込んだら…

室内で飼う場合、ヒーターを入れて室温を暖めてあげると、メダカは冬でも元気に泳ぎます。そのとき、急激に温度を上げないように注意します。

室内がとても暑くなったら…

水槽を日なたに置いておくと、夏場はあっという間に水温が40度になってしまいます。夏は、カーテンやよしずなどで日陰をつくり、直射日光をさえぎります。

2-7

エサの種類と頻度

**エサは、多すぎないように注意しながら、
適量を与えることが大切です。**

「残さない量」が目安

エサは右ページの表を参考に、少しずつ与えます。エサによって好き嫌いがあるため、鯉と同じようにメダカにも味覚があると考えられます。できればメダカの好むエサをあげたいものですが、エサにはいくつかの種類がありますので、タイミングと量を守りながら試していくことをおすすめします。メダカの口は水面に浮いたエサを食べやすいようにできていますので、浮上性の高いエサを選びましょう。残って浮いたエサがあるような次に与える量を少なくします。よく浮くのはドライフードです。メダカはドライフードだけでも十分育てられますが、たまにイトミミズなどの活餌や冷凍ブラインシュリンプなどを与えたほうが健康に育ちます。

種類と保存の方法

ドライフード

ドライフードはたいてい顆粒状です。稚魚には粒の小さいもの、成魚には大きいものを用意するのが理想です。いろいろな種類が発売されていますが、栄養価に大差はありません。

保存

保存は比較的かんたんで、密封して日陰に置いておけば問題ありません。パッケージの表示をよく見て、古くなる前に使い切ります。

活餌

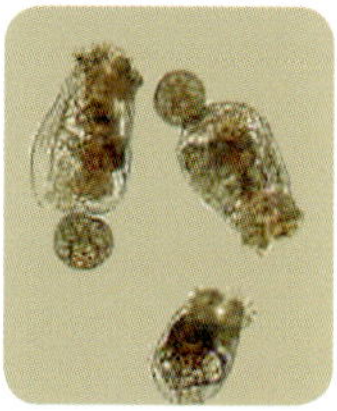

イトミミズやアカムシなどは、身近な自然から調達できる、栄養価の高い活餌です。夏場になると水たまりなどにボウフラ（蚊の幼虫）が発生しますが、それをアミですくってメダカに与えれば、喜んで食べます。

保存

活餌は新鮮であることが大切なので、保存せず、使い切るのが基本。メダカが食べきれる分だけをとるようにします。

冷凍のエサ

活餌を手に入れにくい、触るのが苦手という人には、冷凍ミジンコや冷凍ブラインシュリンプなどもあります。少々値段が高くなりますが手に入れやすく、取り扱いも楽です。

保存

もともと冷凍されている冷凍ブラインシュリンプや冷凍ミジンコは、そのまま冷凍庫で保管できます。

与えるエサの目安

表を参考に、エサの量と頻度を調節します。

	エサの種類	頻度/日	時間
稚魚	ドライフードを手やすり鉢でパウダー状にすったもの	3回	朝昼晩
成魚	ドライフード、活餌、冷凍のエサ	2回	朝夕
産卵期	ドライフード、冷凍のエサ とくに活餌を与えるとよい	2回	朝夕
高齢期	ドライフード、活餌、冷凍のエサ	2回	朝夕

エサの与え方と頻度

メダカは食いだめができない魚なので、いつもエサを求めているようなふるまいをします。そのためどんどんエサをあげたくなるのですが、我慢することも大切。水槽のなかのメダカはとくに肥満になりがちで、肥満になると病気になったり、繁殖に影響が出ることがあります。自然界でつねに満腹ということはほとんどありませんので、足りないくらいがちょうどよいという意見もあります。エサやりの基本は、「少量ずつ」と覚えてください。基本的には朝と夕方の2回、2～3分で食べ切れる量を与えます。その食べっぷりから判断して、減らす、増やすなど調節します。

稚魚にエサを与えるとき

point エサはすりつぶしてから

ふ化したての稚魚には朝昼晩の3回、ドライフードを指やすり鉢ですりつぶしてパウダー状にしたものを、手でまいて与えます。

point 食べ残さない少量ずつ

食べ残しがないか確認しながら少量ずつ、しっかりと与えます。稚魚のときにちゃんとエサを食べたかどうかで、その後の健康が決まります。

注意！ 与えすぎは水質汚染のもと

食べ残しのエサが水中にあると水質を悪化させ、メダカの病気の原因にもなります。毎回エサを食べ切っていることを確認しながら与えてください。

2-8

水換えのしかたと頻度

メダカにとって、水質の悪化は命取り。
いつもきれいな状態を保つように心がけます。

水が汚れる原因

メダカを飼育していると水が汚れてきます。メダカのフンや食べ残したエサ、腐った水草などが原因となり、水槽の水を汚染していくのです。

水換えの注意点…新しい水と古い水を同じ温度にする

水が汚れるとメダカは病気になりやすくなり、最悪の場合死んでしまいますので、定期的な水槽の掃除が必要です。水換えを行うとき一番重要なのは、新しい水と古い水槽の水を同じ温度にすることです。そうしないと急激な温度変化でメダカが心臓麻痺を起こしたり、体表面をおおっている粘膜が損傷し病気にかかりやすくなります。魚の体表面をおおっている粘膜は、病気や外敵に対するバリヤーです。メダカに手で直接触れると損傷してしまうので、周囲の水ごとすくうようにします。

季節ごとの水換えの頻度

夏

水温が高くなる夏はメダカも活発になります。エサもよく食べ排泄物も多くなるので、夏場の水換えは毎週行うのが理想です。

春・秋

春・秋の水換えは、2週間に1度が理想です。換える頻度は、そのつど水槽の汚れ具合を見て決めてください。

冬

冬は冬眠するので水換えの必要はありません。

point くみ置きしておくと便利！

頻繁に水換えが必要な季節は、バケツなどにカルキを抜いた水道水をくみ置きしておくと便利です。ただし、何日も置かないようにします。

水換え用ポンプのつくり方

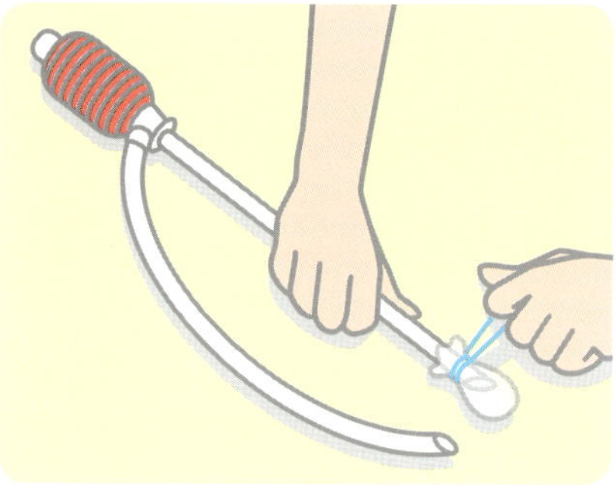

水槽から安全に水を抜くときに便利なポンプ。新品の灯油用ポンプの口にガーゼを当て、輪ゴムでくくれば完成です。

水換えの手順

水換えのときに必要なもの　・小さいアミ　・水換え用ポンプ

1 新しい水をつくる

水道水を一昼夜置いたものか、中和剤で塩素（カルキ）を抜いた水を用意します。屋外でつくった水と、室内の水槽の水に温度差が出ないよう調節します。

2 水を抜く

水換え用のポンプを使って、水槽の1/3ほどの水を抜きます。ポンプは水換え用のものを使用し、メダカをあやまって吸いこまないように注意します。

3 水槽の掃除をする

目の細かいアミを使って水槽のゴミを取り除き、水槽の壁が汚れていたらふき取ります。アミを使うときは底砂がまわないよう静かに動かします。

4 水槽に水を入れる

カルキを抜いて温度を同じにした1の水を、きれいになった水槽に入れます。このときも底砂がまい上がらないよう、静かに少しずつ入れていきます。

2-9

水槽の大掃除

**メダカに病気が発生したら、
水槽の水をすべて入れ換える大掃除（リセット）を行います。**

なぜ、大掃除＝リセットをするの？

水槽の水をすべて入れ換え、大掃除することを「リセット」といいます。リセットが必要なのは、水槽のなかに有害な生物や病気が発生したときです。普段元気だったメダカが突然何匹も死んでしまったり、明らかに病気の兆候が見られる場合には必ず水槽のリセットを行ってください。病気がほかのメダカにうつるのを防ぐため、リセットした水槽には病気のメダカを戻さず、別の容器に移して隔離します。

リセットが必要なのはこんなとき

1 水槽が白くにごったとき

水換えや急激な水温変化によってバクテリアのバランスが崩れると、水槽が白くにごります。

2 メダカが病気になったとき

メダカに病気の症状があらわれた場合、病気のメダカを隔離し、感染を防ぐためにリセットします。

リセットのコツ

point 水槽を2つ用意する

リセットの際、水槽を洗ったら天日で乾かすのが理想。太陽の光に当てて、水槽内を殺菌するためです。天日干しには時間がかかるので、可能なら同程度の大きさの水槽をもうひとつ用意します。交互に使うことができるので、水の入れ替えやレイアウトもスムーズです。

リセットの注意

注意！ 洗剤は使わない

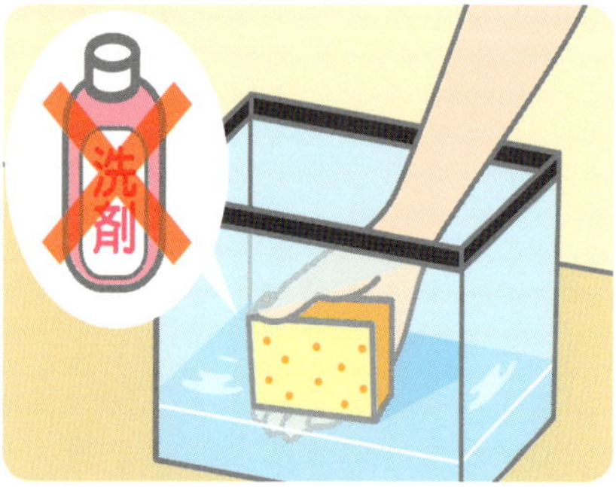

洗剤は使わず、すべて水で洗います。洗剤はきれいにすすいでも、残ってしまうことが多いからです。フィルターを洗う場合、フィルターそのものは水できれいに洗いますが、ろ材は軽くすすぐ程度にします。ろ過に必要なバクテリアまで消滅させてしまうおそれがあるからです。

リセットの手順

リセットのときにあると便利なもの　・スポンジ　・パイプ用ブラシ

❶ 水を用意、メダカを移動

塩素（カルキ）を抜いた水を用意し、水合わせのあとメダカを移す。病気のメダカは必ず隔離する。

❷ 水槽の水を捨てる

底砂や砂利、石や水草などを取り出し、汚れた水を捨てる。

❸ 器具をすべて洗う

このとき、決して洗剤や石鹸は使わず、水で洗う。洗った水槽は消毒のため天日で乾かすのが理想。

❹ 底砂、砂利などを洗う

まずゴミを取り除き、そのあと水のなかで手で混ぜるようにして洗う。水草などもすすぐ程度に洗う。

❺ 水槽をセットする

きれいになった水槽に、底砂や砂利、石や水草などをレイアウトする。

❻ 水を入れ、メダカを戻す

メダカを水がきれいになった水槽に入れる。ただし隔離したメダカは入れないこと。

2-10

1年間衣替えカレンダー

カレンダーを参考に、
メダカの世話や水槽の衣替えをしていきましょう。

	春			夏	
	3	4	5	6	7
メダカ成魚	活動を始める	エサを食べる	交尾して卵を産む		交尾と産卵を繰り返す(9月頃まで)
メダカ稚魚			卵の採集		稚魚が大きくなる
エサ	エサを少しずつ数回に分けて与える				稚魚をグリーンウォーターで育てるとよい
水槽掃除	春は2週間に1度水換え			夏場は毎週水換えする	

check! やることチェック

□春先はメダカが冬眠から目覚め、活動し始める頃。とてもおなかがすいてるので、エサを少しずつしっかり与えます。
□春は2週間に1度、水換えをします。
□5月頃からメスは卵を産み始めます。栄養素を必要としているので、活餌なども与えます。
□卵が産み落とされたら、採集して別の容器に移します。
□夏は週に1度、水換えをします。
□卵からかえった稚魚はグリーンウォーターでよく育ちます。
□秋は2週間に1度、水換えをします。
□秋の終わりは冬眠準備に入ります。枯葉を水槽に置くと、よい冬眠場所になります。

	秋			冬		
8	9	10	11	12	1	2
			冬眠の準備		冬眠に入る	
交尾、出産開始(9月頃まで)					冬眠に入る	
		秋は2週間に1度水換え			冬は水換え不要	

2-11

病気の種類、原因と対処法

メダカに病気らしい症状が見られたら、すぐ隔離し、治療します。

早期発見が早期回復につながる

愛情を持って毎日メダカを観察すれば、メダカの病気はすぐ発見できます。早い時期に発見すれば、それだけ早く治療ができます。

check！

病気にかかりやすいこんな環境

- □長いあいだ、水換えやリセットをしていない
- □水をつくらずにメダカを水槽に入れてしまった
- □水合わせをせずにメダカを水槽に入れてしまった
- □同じ水槽に病気と思われるメダカがいる
- □フンや食べ残しが水槽の表面に浮いている

病名と症状	原因	対処法
白点病  メダカの体に白い斑点があらわれる	比較的多く見られる病気。繊毛虫(イクチオフチリウス・ムルチフィリス)が寄生したもので、伝染性が早く、発見しだい駆除しないと被害が大きくなる	水槽の水やメダカ全体が感染している場合が多いので、水槽水が0.5%の濃度になるように塩を入れるか、メチレンブルー、マラカイトなどの薬剤を使用する
綿かむり病  メダカの口やエラなどに白い綿のようなものがつく	別名、水カビ病。水中に生存する真菌類がメダカの傷口について繁殖したもの。傷がなく栄養状態のよい健康なメダカにはほとんど発生しない	罹患メダカを隔離して治療する。塩水浴、あるいはマラカイト、グリーンFなどの薬剤を使用する

病名と症状	原因	対処法
尾ぐされ病  ・尾ビレが細くなり、泳ぎが緩慢になる ・ヒレがくさったり、ささくれたり、溶ける	栄養不足や皮膚粘膜が弱くなると発症しやすい病気。グラム陰性細菌による感染症で、死亡率が高い	罹患メダカを隔離して治療する。塩水浴、あるいはグリーンF、パラザンDなどの薬剤を使用する
エロモナス症  ・メダカの体表に出血斑が見られる ・腹水病という腹部が肥大する症状がある	水槽内の水質や環境が悪化したことによるストレスや、水中の亜硝酸濃度が高くなったことが原因で発症する	罹患メダカを隔離して治療する。塩水浴、あるいはグリーンFなどの薬剤を使用する
外傷  体やエラに傷をおっている、出血している	鋭利なものにぶつかったり、ケンカをしたときにできる	重傷でなければ、たいていは自然治癒する
やせる  ほかのメダカが元気なのに、なぜかやせ細っていく	はっきりした原因は不明だが、消化器系の病気と考えられる	水が汚れていたら水換えや、リセットをして様子を見る
元気がない  泳ぎ方に元気がなく、冬場でもないのに水槽の底近くでじっとしている	はっきりした原因は不明だが、メダカの風邪と考えられる	水が汚れていたら水換えやリセットをして様子を見る

2-12

気になるこんな行動

本当に大切なのは、治療より予防。
あなたのメダカは、こんな行動していませんか?

病気は予防が大切

体の小さなメダカにとって、病気にかかるのは大変なこと。目に見える症状が出たときはすでに手遅れという場合もあります。したがってメダカが病気になってから治療するのではなく、かからないように予防することが大切です。普段からまめに観察していれば、メダカの元気がなかったり、病気によって症状が出た場合にはすぐにわかります。病気だと思われたら、まずはそのメダカをほかの容器に隔離しましょう。隔離が早いほど集中的に治療でき、ほかのメダカに病気がうつるのを防ぐことができます。

予防のための注意点

注意! 水質を悪化させない

メダカにとって水質は命と同じ。汚れた水のなかでは、メダカの抵抗力は落ち、病気にかかりやすくなってしまいます。メダカを過密に飼育したり、水換えをサボったりすると水質が落ちるので注意します。

注意! メダカに傷をつけない

メダカを直接手で触るのはもってのほか。魚にとって人間の体温は、とてつもなく熱いのです。またアミですくうときも、優しくていねいにを心がけてください。乱暴にすると体表に傷がつき、病原菌に感染しやすくなります。

注意! エサを与えすぎない

エサを与えすぎるとメダカは肥満になり、見た目が悪いだけでなく病気にもかかりやすくなります。またエサの食べ残しは水質を悪化させます。与えすぎるよりは、少し足りないかな、と感じるくらいがちょうどよいのです。

病気かな?　気になるこんな行動

いらいらした様子で泳ぎ回る

いらいらしているかのように突然ぐるぐると泳ぎだすことがあります。はっきりした原因はわかっていませんが、脳疾患、心疾患が考えられます。しかし病気でない場合も多くあります。

エラが下に落ちてくる

メダカも年をとると、体にハリがなくなります。2歳くらいになるとエラが下に垂れ下がってくることがありますが、老化によるものと考えられます。

体を水底にこすりつける

急激な水温の変化は、メダカに大きなストレスを与えます。そのショックで、水底に体をこすりつけるなどの行動をすることがあります。

病気になったら隔離。薬浴か塩水浴で治療

病気にかかってしまったメダカは、ほかのメダカから隔離します。隔離したメダカの病気を治療するには、おもに2通りの方法があります。ひとつは塩を使う治療、もうひとつは薬剤を使う治療です。ここでは、塩を使った治療の方法をご紹介します。薬剤を使って治療するときは、必ずパッケージの表示を確認し、用法と用量を守ってください。

必要な道具

・治療するための容器　ガラスなどの水槽が理想
・塩素（カルキ）を抜いた水　1匹に対して1リットル
・塩　1リットルに対して5グラム程度

塩と薬は混ぜて使ってもいいの？

薬は単体で効果を発揮するようにできています。ほかの物質と混ぜると予想外の反応が出ることも考えられ大変危険なので、混ぜて使わないようにしてください。

塩水浴の手順

1 大きめの容器を用意する

治療するメダカの数に合わせ、1匹あたり1リットルの水が入る容器を用意します。可能なら、透明な水槽があれば治癒過程を確認することができます。

2 つくった水を入れる

あわてて水道水をそのまま入れてはいけません。ここでも水道水を1日くみ置いた水か、中和剤で中和させた水を使います。

3 1リットルの水に対し、5グラム程度の塩を溶かす

塩を多く入れても強力に殺菌されたり、治癒が早まるわけではありません。必ず量を守ってください。

4 メダカを入れる

メダカの体表に傷をつけないよう、静かに入れます。治療期間中は水質の悪化をおさえるため、エサは少なめにします。

5 徐々に塩分濃度を薄める

メダカが元気を取り戻したら、少量ずつ水換えすることによって、徐々に塩分濃度を薄めていきます。

元気になったら、完治したとみなしていいの？

塩水浴は万能ではありません。被害の増大を抑制するだけで、水換え後にまた被害が発生することも多く見られます。

薬物使用の是非

塩水浴で病気が完治しなかったら、薬品による治療を試みます。ペットショップには、メダカの病気専用薬剤が売られていますので、用法・用量を正しく守って治療してください。しかし小さな体のメダカに薬剤を使用することに、抵抗を感じる方も多いことでしょう。メダカが病気や寄生虫の被害を受けたとき、「これも自然淘汰」と考え、薬剤を使用しないのもひとつの方法です。どちらがよいとはいえませんので、ご家族と相談のうえ、薬剤で治療するか否かを決めてください。ちなみに、私は薬剤を使用します。

2-13

水槽レイアウトのいろいろ

**いろいろなレイアウトを参考に、
あなただけの素敵な水槽をつくりましょう。**

形、種類、水槽の楽しみ方

水槽は、その形や種類によって、いろいろなレイアウトが楽しめます。なかに水草を植えたり、流木や石を置いたり、ほかの種類の小さな魚たちを仲間に入れてあげたり。水槽をつくる楽しみは、無限に広がります。

注意！ レイアウト、ここに注意

- □メダカは1リットルに1匹が原則。水槽内で過密にならないこと
- □小さな水槽では急に水の温度が変化することも。継続して飼うにはむかない
- □水草や石は入れすぎないこと
- □入り組んだエリアと、開放されたエリアをつくるとバランスがよく、メダカも住みやすい

アクアテラレリウム。陸上の植物が植えられるため、水中だけの水槽とはまた違う楽しみ方ができます。
【容器】 幅60cm、奥行き60cm、高さ12cm
【底砂】 天然石
【水草】 ウイローモス
【その他】 溶岩石

アクアテラリウム。大きな溶岩石を置くことで、室内インテリアとしての存在感をより感じさせます。
【容器】 幅78cm、奥行き60cm、高さ12cm
【底砂】 天然砂
【水草】 ナガバオモダカ
【その他】 溶岩石、流木

1種類の水草で、メダカだけをシンプルに楽しみます。
【容器】 幅20cm、奥行き15cm、高さ15cm
【底砂】 ソイル
【水草】 マツモ

Column

健康診断

病気の早期発見には、毎日の観察が大事。
下記のチェック項目に注意して、
ケガや病気のサインを見のがさないようにしましょう。

体全体
□白い斑点がある
□出血斑がある
□腹部が肥大している
□やせている

行動
□だるそうに泳いでいる
□元気がない
□水槽の底にじっとしている

目
□白くにごっている
□充血している

ヒレ
□ささくれだっている
□溶けてきている
□傷がある

口
□白い綿のようなものがある
□出血している

尾
□細くなっている
□傷がつきボロボロ

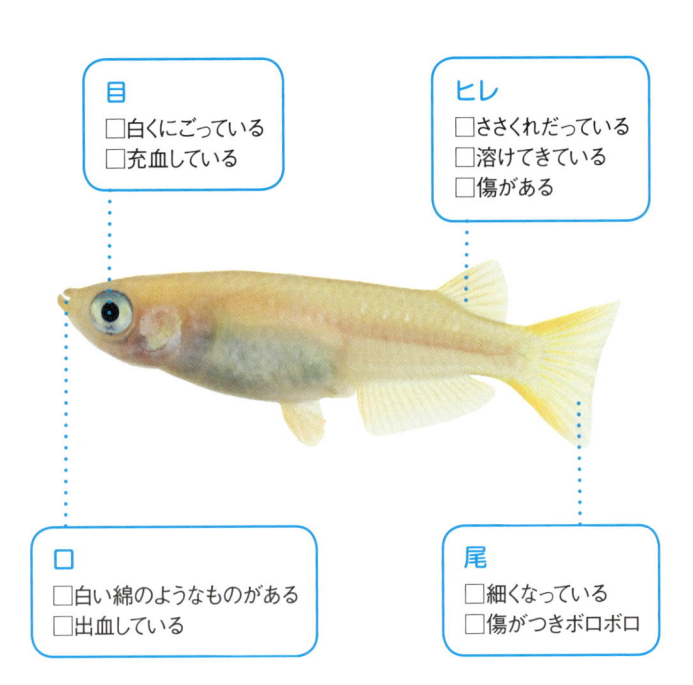

chapter
3

屋外でメダカを飼う

メダカの屋外飼育は手間がかからず、屋内よりもかんたん。
ベランダや庭で、気軽に楽しむことができます。
より自然に近い環境で飼育するので、メダカはのびのびと育ちます。

3-1

屋外でのびのび飼育する

**屋外では、より自然に近い環境で
のびのびとメダカを育てることができます。**

屋外飼育はとてもかんたん

もともと小川や田んぼに住んでいるメダカにとって、屋外飼育はとても自然なこと。日光がよく当たる屋外に水槽やスイレン鉢を置けば、メダカのエサになるいろいろな微生物が発生します。屋内飼育ではおとなしかったメダカでも、外に出したら元気いっぱい！ なんてことになるかもしれません。

表面積が広い容器で飼う

屋外では、いろいろな容器を使うことができます。メダカは水面に生息するので、容器は深さでなく、広さで選びます。

発泡スチロールの箱

丈夫で手に入りやすく、メダカ飼育に適しています。外気の影響を受けにくく、水温を一定にする効果も。色が白いため黒や茶色のメダカを鑑賞しやすくなります。

スイレン鉢

ホームセンターなどで、重厚感のある陶器製や軽い合成樹脂製が手に入ります。水草やスイレンを入れてもメダカを鑑賞できるよう、余裕のある広さの鉢がおすすめです。

プランターやバケツなど

プランターの底穴をふさいだもの、バケツやタライなども使用可能です。見た目を気にしないのであれば、一番手頃な飼育容器となります。

ヒカリや更紗がおすすめ

基本的に、どの種類のメダカも屋外で飼育することができます。ただし屋内飼育のときと同様、ダルマメダカやアルビノメダカは競争に強くないので、ほかのメダカとは別の容器で飼うようにします。屋外で飼育する際は、ほとんどの場合、水槽や鉢を横から見ることはなく、上から眺めるようになります。そのため上から見てきれいな種類のメダカ、とくに背中が光るヒカリメダカや、「小さな錦鯉」と呼ばれる更紗メダカがおすすめです。黒メダカや茶メダカなどは暗い場所で目立たないので、容器を光がよく当たって見やすい場所に置くなどの工夫が必要です。

スイレン鉢でのびのび暮らすメダカ

屋外で必要な飼育道具

必要な道具は、屋内飼育と同じです。飼育容器には自然に近い循環機能が発生するため、フィルターは必要ありません。

容器･･･メダカ1匹に対し1リットルの水が入る大きさ
砂利･･･土や砂利を入れると、より自然環境に近くなる
水草･･･メダカのかくれ場所・産卵場所になる
エアポンプ･･･夏場や、メダカの数が多いときにあるとよい

プランクトン、藻を食べる

屋外飼育でも、屋内飼育と同じエサで飼育します。ただし屋外の容器内では、エサとなるプランクトンやミジンコ、藻が自然に発生し、メダカはおなかがすいたら先にそれらを食べます。エサの食べ方を見て、与えすぎないように注意します。

プランクトンやミジンコを食べて暮らすメダカ

屋外での水温・水質管理

屋外では、風によって水面から酸素が取り込まれるので酸欠になりにくく、日光が豊富に当たることによって、水中の環境は自然と安定します。またメダカは0度近い低温から、30度近い高温まで幅広い温度変化に適応します。急激な変化でなければ、それほど温度を気にする必要はありません。

水換えはいらない

屋外では、容器のなかで自然にメダカに適した環境ができあがっていきますので、水換えの必要はありません。ただし容器の水は自然に蒸発していくので、その分を足すことが大事です。足すときは、あらかじめつくっておき、温度を合わせた水を、静かに入れます。もしメダカに病気が発生したら、大そうじ（リセット）を行います。

季節に応じた育て方

屋外では、屋内よりも手間やコストをかけずにメダカを飼育することができます。季節ごとに容器とメダカの様子を見ながら育てます。

春・秋

気温が安定している春や秋は、とくに手を加える必要はありません。春は産卵期なので、繁殖させる際は、卵を産みつけた水草を別容器に移すなどの工夫が必要です。

夏

直射日光によって急激な水温変化が心配されるときは、よしずなどで影をつくります。水草や藻が増えたり、メダカの数が増えた場合は酸欠になりやすいので、エアポンプで酸素を送ります。

冬

メダカは気温が5度近くまで下がると冬眠を始めます。水の底や水草の陰でじっと暖かくなるのを待つのです。この時期は、とくに手を加える必要はありません。

3-2

飼育容器の準備

屋外では、日よけと排水ができる場所に飼育容器を置きます。

日当りのよいところに置く

屋内に水槽を設置するときと同じように、設置場所を決めてから容器をセットします。水を入れたあとの容器はとても重くなり、移動させるのが大変だからです。

飼育容器を置く場所は、よく日光が当たる場所を選びます。できれば午前中ずっと、最低でも1日に2～3時間のあいだ日光が当たれば問題ありません。メダカの体調が崩れやすくなるので、1日中ずっと直射日光が当たる場所や、日陰になる場所は避けるようにします。最適な場所で、メダカをのびのび育てましょう。

屋外で必要な飼育用具

屋外では日光が当たるため、飼育道具は少なくてすみます。

□飼育容器
□メダカや水中のゴミをすくうアミ
□水のつぎ足し、入れ換え用のバケツ

あると便利なもの

□エアポンプ
□水温計
□よしずなどの日よけ

屋外飼育に適した場所

飼育容器を置くのは、以下のような場所が適しています。

□安定した場所
□排水ができる場所
□日よけやひさしがある場所
□ネコやヤゴ、カラスなどがこない場所
□室外機から離れた場所
□邪魔にならない場所

暑い日には日よけを

飼育容器を置く場所は日が当たるところがよいのですが、夏の暑い日に直射日光がずっと当たっていると、水温が急に上昇してメダカに大変なストレスを与え、最悪の場合メダカは死んでしまいます。そんなときはよしず※などをかぶせて日陰をつくります。

※よしずは、風通しはよくしたまま日光を遮る道具。

排水場所を確認する

庭やベランダに飼育容器を置く場合、近くに排水できる場所があるかどうか確認します。ベランダであたりかまわず排水すると、隣近所や階下の住人に迷惑がかかるので注意。庭に排水する場合も、隣近所や道路に水が流れていかないようにします。

容器をセットする手順

設置場所を決めたら、容器をセットします。

1 容器を置く

容器は地面にそのまま置きます。容器が安定し、また地熱が水温を安定させます。

2 容器の底に土を敷く

土を敷くとメダカが安心し、また水中環境の浄化にも役立ちます。高さは水槽と同様に、5cmまでとします。

3 水草を植える

土に根をはる水生植物を植えていきます。日当たりがよいとどんどん増えるので、最初は少なめにします。

4 水を入れ、一昼夜置く

土がえぐられないよう、静かに水を入れます。水を入れたら日なたで一昼夜置き、塩素(カルキ)を抜きます。

5 水合わせをする

メダカがいた水槽の水と、新しい飼育容器の水合わせをしてから、メダカを入れます。

6 完成

浮遊性の水生植物を浮かせて完成です。日当たりがよいとどんどん増えるので、水面をおおいつくさないよう、少なめにします。

屋外飼育に適した植物

水生植物によって、鉢のなかではさまざまな微生物が発生し、メダカにとって住みやすい環境となります。ただし、植物が大量に増えると日光を妨げ、二酸化炭素の増加にもつながるので、注意します。

ホテイソウ

水面に浮いて育つ植物。繁殖力が強く、夏場はどんどん増える。

ナガバオモダカ

水面から長細い葉を出す水草。きれいな白い花を咲かせる。

アサザ

水面に葉が浮かぶ浮遊性の植物。黄色い花を咲かせる。

スイレン

さまざまな種類があり、水面の少し上からきれいな花を咲かせる。

3-3

屋外飼育の注意点

**屋外飼育では、外敵と急激な温度変化から
メダカを守ることが大切です。**

天気と外敵に注意！

屋外では、強風で飼育容器が倒れたり、雨による増水でメダカが流れたりすることがあるので、台風や大雨などの天気に注意します。また、外敵から飼育容器を遠ざけることも大事です。天気や気温の大幅な変化や、外敵の気配を感じたら、すぐに対策を立てましょう。水の蒸発や、落下物への注意も忘れずに。

check！ 3分の2になったら水を追加

暖かい季節には水が蒸発します。水が減るとメダカのストレスや水質汚染の原因にもなりますので、容器の水が2/3になったら水を足し、1匹あたり1リットルの水を確保します。

check！ 落下物

台風が近づくと、強風で飼育容器が倒れたり、上からものが落ちてくることがあります。飼育容器は風をよけられる場所に置き、上には落ちそうなものを置かないようにします。強風で容器の水が大きく波打つようなら、容器の上に蓋をして風を防ぎます。

check！ 水温上昇

夏に直射日光に当たり続けると、容器内の水温はどんどん上がっていきます。水温はあっという間に40度近くなり、その結果、メダカに大変なストレスを与え、最悪の場合死んでしまうことも。夏場に直射日光が当たる場合は、よしずなどで日よけをします。

check！ 増水

雨や雪がたくさん降ると、容器内が増水します。水があふれ出るとメダカも一緒に流れ出てしまいますので、容器に板などで蓋をして増水を防ぎます。容器の側面に穴を開けられる場合、開けた穴の部分にガムテープなどでアミを貼っておけば、メダカを流すことなく増水分を排水します。

check！ 水が凍っちゃった！

冬場に水の表面が凍っていても、大丈夫。メダカは低い水温でも生きることができます。水温がだんだん低くなると、メダカは底のほうでじっとして、暖かくなるのを待ちます。ただし急激な温度変化だったり、水がすべて凍ってしまいそうなら、別の場所に移します。

外敵に注意

自然界には、メダカを狙う生き物がたくさんいます。屋外飼育でとくに気をつけなければならないのは、トンボの子であるヤゴ、ネコ、カラスやカワセミなどの鳥です。それらの外敵からメダカを守るには、ホームセンターなどで売っているアミが一番効果的です。トンボやネコ、鳥のくちばしが届かないよう、水面までの距離を離してアミをはります。

ネコ

野良ネコや放し飼いのネコはすばやくメダカをとっていきます。

ヤゴ

トンボの幼虫。土のなかに入り込んでいることも。メダカを食べてしまうことがあるので、見つけしだい取り除きます。

カラス、カワセミ

鳥は頭がよいので、一度場所を覚えると何度もやってきます。

毒針を持つ「ヒドラ」

ヒドラという水中動物がいます。ヒドラは、毒針を持った長い触手をイソギンチャクのように伸ばして、メダカの稚魚を食べてしまうのです。ヒドラは分裂して増え、切っても再生するため、1個体発見したら100個体はいるといわれます。自然界のヒドラは田んぼなどに生息し、ミジンコなどを食べていますが、メダカの水槽にはブラインシュリンプの卵とともに侵入することが多いといわれています。

注意! ヒドラの駆除方法

ヒドラを駆逐する一番の方法は水換えです。ヒドラを見つけたら、メダカを別容器に移し、水換え（リセット）を行ってください。洗った水槽は、天日に当てて乾かし、日光で殺菌します。メダカを戻すときは、ヒドラも新しい水槽に入ってしまわないよう注意します。アミや別の容器、砂利などに丸まった小さなヒドラがついていないかよく確認します。土や水草は新しいものに換えたほうが無難です。

水槽につく生き物たち

水槽につく生き物は、ヒドラのほかにもいます。ナメクジを小さくしたような姿のプラナリア、茶色や黒い紐状のヒル、白く細い糸ミミズなどです。これらはいずれもメダカに直接害をおよぼすものではありません。増えすぎると見た目が悪くなりますが、放っておいても問題はないでしょう。巻貝はメダカの食べ残したエサや藻などを食べてくれる有益生物ですが、増えすぎると水草の葉を食べてしまい、また見た目も悪くなるので気をつけてください。

3-4

ビオトープをつくろう

水槽や鉢のなかに小さな自然（ビオトープ）をつくりましょう。人の手を加えるのは最小限ですみます。

手軽につくれる「小さな生態系」

ビオトープとは小さな生態系のことです。そのため、ほとんど人間が手を加える必要がありません。その手軽さも、ビオトープでメダカを飼育する魅力のひとつです。ただし、屋外飼育同様、外敵や急な温度上昇、水の蒸発には気をつけます。

Point1 日光、雨、風に対して

直射日光が当たると、急に水温が上昇してしまいます。また、大雨や台風になると水があふれてしまうことも。そのような場合、鉢などの容器ならよしずで、それより大きな池であればビニールシートなどを使って、日光や風雨が当たる量を調節します。

Point2 植物が増えすぎたら

日当たりがよいと、水生植物が増えすぎたり、浮遊植物が増えすぎて水面をおおってしまうことがあります。そのような場合は、植物を間引いたり、取り除きます。

Point3 庭に穴を掘ってビオトープをつくるときは

近くで小さな子供が遊んだり、うっかり落ちる可能性のある場所にはつくらないようにしましょう。

Point4 水はけのよい場所を選ぶ

排水がしっかりとできる場所を選ぶこと。隣や近所に浸水しない場所を選びます。

Point5 あまり大きなものをつくらない

大きなものをつくろうとせず、小さな鉢などから始めます。

分厚い陶器の「火鉢」。耐熱性、保温性に優れているためメダカの屋外飼育には最適です。底には赤玉を敷いています。

プラ舟を重ねてビオトープに。ホテイソウが生き生きと育っています。中段、下段は、上段が屋根代わりになっているため夏の直射日光や冬の霜にも負けません。

庭に掘った小さな池。冬には氷が張ってメダカも冬眠。自然環境にいちばん近い形で飼育をしています。

Column

販売店の飼育環境

飼育数が多いからこそ、販売店は徹底した水づくりをしています。

メダカはさまざまな販売店で売られています。なかでも飼育販売店には膨大な数のメダカと飼育容器があり、細心の注意を払ってメダカを管理しています。水換えを頻繁に行う店や水づくりを徹底している店、なかにはバクテリアの住みつく環境を数カ月かけてつくる店もあります。元気なメダカ達を全国の愛好家に届けられるように、どこの販売店も水質には気を使っているのです。

chapter
4

メダカの繁殖

メダカの繁殖は、とてもかんたん。
ちょっとしたコツで、卵をふ化させることができます。
小さなメダカの稚魚が泳ぐ姿は、それは愛らしいものです。
ぜひ挑戦してみてください。

4-1

繁殖の準備

**メダカを繁殖させる前に、
なぜ増やすのかをしっかりと考えます。**

飼育できる分だけ増やす

メダカの繁殖はかんたんです。水質と水温さえしっかり管理すれば、どんどん卵を産み、ふ化していきます。ただし、かんたんだからといってやみくもに繁殖をさせてもいい、というわけではありません。あなたの水槽には何リットルの水が入るでしょうか。狭くてきゅうくつな環境では、かえってメダカの成長を妨げてしまいます。繁殖を始める前に、増やした分だけ責任を持って飼えるかどうかよく考えてみましょう。

注意!

繁殖に成功したら、必ずすべてのメダカを責任を持って飼育します。もし飼いきれなくなっても、近所の川や田んぼなどの自然界に放流してはいけません。生態系が崩れてしまいます。

check! 繁殖の前に、確認!

- □メダカの飼育は、1リットルに1匹が基本。繁殖させた分を飼育する容器を用意できるか
- □繁殖させれば、手間も増える。きちんと最後まで世話することができるか
- □繁殖させれば、エサ代や電気代もかかる。それだけの余裕があるか

産卵の条件

産卵する時期…5～9月
水温…20～30度
産卵する年齢…ふ化後3ヶ月～2年
産卵数…1回につき5～20個

産卵スケジュール

メダカは水温25度以上、日照時間13時間以上の環境で産卵を始めます。

3	4	5	6	7	8
活動し始める	4月後半～5月連休明けくらいに、産卵を始める				
	交配させる親を選び、産卵用水槽に入れる				
		卵が付着した水草を別の容器に移す			
	日中は水槽を日が当たるところに置き、夜は蛍光灯で日照時間を13時間に保つ				

ふ化用の水槽を用意する

メダカをふ化させるには、ふ化用の水槽が必要です。メスが産卵したら卵をその水槽に移し、親の半分ほどの大きさになるまでは、ふ化用の水槽で育てます。稚魚と成魚を分けて飼育するのが目的なので、親を移動させてももちろんOK。ですが、卵がついた水草ごと取り出すほうが、ずっとかんたんです。

水槽

卵がついた水草を入れます。卵がついた水草が入る水槽であれば、大きいものでなくても大丈夫です。

蛍光灯

昼間は窓辺などで日光に当てておき、日が沈んだら蛍光灯の光を当てて日照時間13時間をキープします。

水草

ふ化したばかりの稚魚が身をかくす「隙間」ができるように、水草を入れておきます。

NG 砂底、砂利

砂底、砂利は敷きません。稚魚が砂石の隙間にはさまって出てこれなくなってしまうことがあります。

NG エアレーション

あやまって稚魚が吸い込まれてしまうことがあるため、エアポンプは入れません。

なぜ、卵を別の水槽に入れるの？

メダカは、産み落とした卵や稚魚をエサと間違えて食べてしまいます。そのため、稚魚が成魚の半分くらいの大きさになるまでは、卵や稚魚を成魚と分けて育てます。

9	10	11	12	1	2
産卵が終わる			冬眠し始める →		

4-2

交配と産卵

メダカの繁殖に必要な手順を踏んで、
メダカを増やしていきます。

親になるメダカを選ぶ

まず親にしたいメダカのオスとメスを産卵用の水槽に入れます。親メダカは病気がなく、体の色ツヤのいい、元気なメダカを選びます。1種類のメダカを増やしたいのであれば、オスもメスも同じ種類のメダカを選んでください。同じメダカを交配させないと、生まれてきた子メダカは雑種となり、何のメダカかわからなくなるからです。数日待っても交配しない場合は、オスとメスの相性がよくないのかもしれません。そんなときは、オスとメスの組み合わせを変えてみましょう。

point ダルマメダカは難易度が高い

普通体形のメダカに比べて、ダルマメダカは泳ぎが下手なので、有精卵を取るのが少し難しくなります。

point 海外メダカとの交配

海外メダカと日本のメダカは、基本的に交配しませんが、まれに交配して子をつくることもあります。

親メダカは何匹入れる？

産卵用水槽に入れるメダカは、オス1匹に対しメス2匹が理想です。

オス 1: メス 2

オスの求愛

オスはメスに引きつけられると、そのあとを追います。メスの真下か、うしろに止まり、その後横に並びます。オスはヒレを広げてアピールし、腹ビレは興奮して黒くなります。

メダカの交尾

メダカは交尾するとき、オスとメスが寄り添い、オスは尻ビレでメスをしっかりと抱き寄せます。その後メスが産卵、オスが放精し、卵が受精。産卵は、おおむね早朝に行われます。

卵は水草に

メダカのメスが産んだ卵は、しばらくメスのおなかにくっついたままになっています。卵はやがて水槽の底に落ちるか、メスによって水草に付着させられます。メダカを繁殖させたい場合は、この卵が産みつけられた水草を、ふ化用の水槽に移動します。

無精卵は取り除く

卵のなかには、無精卵となるものがあります。無精卵はいくら待ってもふ化することはなく、放置しているとカビが生えることも。明らかに無精卵とわかる卵のかたまりがあったら、取り除きます。有精卵は透明で、触ってもつぶれませんが、無精卵は白くにごって壊れやすいのが特徴です。

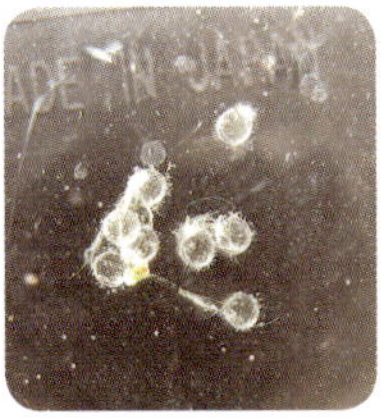

有精卵は透明

無精卵は白く、カビやすい

卵の移動

1

メスが産卵し、水草などに卵を産みつける。見つけてもすぐに移動せず、1週間様子を見る。

2

卵がついた水草を入れる容器を用意する。容器に入れる水は、水をつくる手順にしたがって塩素（カルキ）を抜いたものを使う。

3

1週間したら、卵が産みつけられた水草ごと、用意しておいた容器に静かに移動させる。

4

卵が入った容器の水を25度に保ち、10日間ほど様子を見る。ふ化しても、すぐに稚魚をもとの水槽には戻さない。

うまく産卵しなかったら

原因1 水温、日照時間を確認

産卵するには、水温が25度、日照時間が13時間あることが必要です。

原因2 エサの量を確認

産卵するには、十分な量のエサを食べていることが大切です。

原因3 品種を確認

交配が難しい品種もいます。ダルマメダカは交尾が下手で、無精卵も多いのが特徴です。

4-3

ふ化

**卵を無事にふ化させて、
小さくかわいらしい稚魚を育てましょう。**

ふ化は、10日〜2週間

卵のふ化は、約10日〜2週間で始まります。もし成魚メダカと同じ水槽でふ化した場合、稚魚が食べられてしまう可能性があるので、ふ化用の容器に移します。

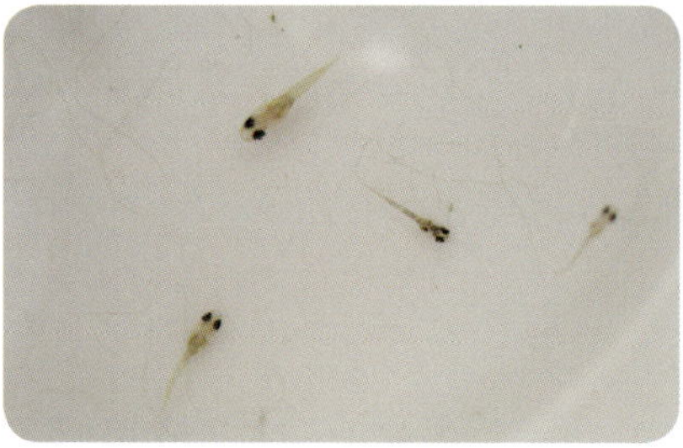

ふ化するためのベストな条件

水質 塩素（カルキ）が抜けた、きれいな水であることが重要です。

水温 25度に保ちます。ただしダルマメダカの場合、28度がベストです。

日照 1日13時間以上、屋内ならライトをつけて日照時間を確保します。

卵の変化

受精からふ化するまでの卵の変化の様子です。
誕生の瞬間を、ぜひその目で観察してみてください。

① 受精半日後

卵のなかでは、細胞分裂が進んでいます。卵の中心には、ほとんど見えませんが、栄養分を入れた丸い袋があります。

② 受精3日後

卵のなかで、メダカの頭と目になる部分がはっきりしてきます。背中になる部分には、黒い色素胞が見えます。

③ 受精5日後

目となる部分が黒く色づき、はっきりしてきます。体もだいぶ長くなり、うっすらと血管も確認できます。

④ 受精1週間後

体のほとんどができあがり、卵のなかで胸ビレを動かしたり、ぐるぐると回り始めます。泳ぐ練習をしているようです。

⑤ 受精10日後

目のあたりが金色になり、だいぶくっきりとしています。卵のなかはきゅうくつになりました。ふ化はもうすぐです。

⑥ ふ化

稚魚は丈夫な卵の膜を酵素によって溶かし、しっぽから飛び出てきます。おなかには、栄養分の入った袋をつけています。

稚魚が育つ環境

稚魚にとって、生まれたときの水が一番心地よいものです。稚魚はとても敏感なので、その心地よい環境から、すぐに異なる環境に移されてしまうと、ショックを起こしてしまいます。そのため、ふ化したあとはしばらくそのままで飼育する必要があります。うまくふ化が進むと、容器のなかでたくさんの稚魚が泳ぎ始めます。メダカを飼育する際、水の量は1匹につき1リットルが理想ですが、稚魚の場合は、このかぎりではありません。ただし、容器が稚魚で埋めつくされてしまうようなら、別の容器に分けてください。このときも、塩素（カルキ）を抜いた水を使います。

稚魚の密度	稚魚の場合、多少混み合っていても大丈夫。ただし埋めつくされてしまうようなら、別の容器に移す。
水温	25度に保つ。ダルマメダカの場合は28度。冬場はヒーターで温度調節をする。
水質	ふ化したあと、すぐに水換えをしない。生まれたときの環境が一番心地よいので、しばらくそのままにしておく。
水換え	成魚と同じ頻度、方法で行う。ただし稚魚は小さく、扱いづらいので注意する。

稚魚の成長

ふ化 2 日後

姿……メダカの姿は、小さすぎてほとんど目に見えません。

エサ…この時期の稚魚はおなかに蓄えた栄養で大きくなるため、エサは与えません。

ふ化 3 日～ 14 日後

姿……メダカは少し大きくなりますが、まだ針の先ほどの大きさです。

エサ…食欲旺盛になります。エサをうまく食べられない稚魚は死んでしまいます。

ふ化 15 日～1ヵ月後

姿…少しずつ魚に見えるようになります。最難関は突破したといえます。

エサ…口が大きくなり、成魚用のエサも食べられるようになります。

ふ化1ヵ月半後

姿…形がメダカらしくなってきます。死亡率は低くなり、ほぼ安心といえます。

エサ…エサやりの時間を広げていきます。エサをたくさん食べ、どんどん成長していきます。

稚魚の水槽デビュー

ふ化してから1ヵ月半ほどで、稚魚の体は成魚の半分ほどの大きさになってきます。ここまでくれば、成魚と同じ水槽に入れても、食べられてしまうことはありません。親と同じ水槽に放してあげましょう。メダカの数が増えても、水槽内は1匹につき1リットルの水を確保してください。

水草を入れることで、親に邪魔されず稚魚がエサを食べることができます

うまく稚魚が育たなかったら

原因1 エサを食べられているかチェック

稚魚の口はとても小さく、成魚用のエサを食べることができません。稚魚用のエサか、成魚用のエサをすりつぶし、パウダー状にして与えます。

原因2 病気にかかっていないか確認

稚魚も成魚と同じく、病気にかかることがあります。よく観察して、病気と思われたら治療するか、隔離して様子を見ます。

point グリーンウォーターを使う

自然界で、稚魚は植物性のプランクトンを食べています。プランクトンは稚魚にとって何よりも食べやすく、栄養価の高いエサなのです。したがって、グリーンウォーターのなかで稚魚を育てるのもおすすめです。

卵のふ化にかかる日数

産卵後、ふ化するまでの目安時間がわかります。

日数（日）＝250÷水温（℃）

250を水温（度）で割った答えがふ化までにかかる日数といわれています。つまり、理想の水温25度であれば、産卵から10日後にふ化すると考えられるのです。もし水温が低ければそれだけ日数は長くかかります。だからといって温度を高くしすぎると、かえってふ化の妨げになりますので、25度以上にはしないようにします。

4-4

屋外での繁殖

屋外での繁殖手順は、屋内と同じ。
コツをつかめばかんたんです。

自然環境で繁殖させる

スイレン鉢などでメダカを繁殖させる場合は、親ではなく卵が産みつけられた水草を、別の容器に移動させます。屋外の環境で育った親を室内に移動すると、環境の変化でストレスがかかってしまうからです。水草を入れる容器も、屋外で管理するのが理想です。

温度管理

屋外では屋内よりも日照時間が長いので、ライトをつけて日照時間を管理する必要はありません。ただしすぐに日陰になってしまう場所なら、日の当たるところに移動させたほうが早くふ化します。

水草

屋内の水槽と同じように、屋外でも親メダカは水草に卵を付着させます。産卵後1週間ほどしたら、水草ごと別の容器に入れふ化させます。

メダカの誕生と成長

メダカは5月の初めごろから繁殖し始めます。これは、自然界の野生メダカでも同じこと。川をのぞいてみると、いろいろな大きさのメダカが見られるはずです。大きいのは前の年に生まれたメダカで、小さいのは今年生まれたメダカ。だいたい同じ大きさのメダカが集まって、むれをつくって泳いでいます。

4-5

シュロの産卵床

シュロはメダカの産卵に最適。
とても扱いやすいのでおすすめです。

シュロの産卵床をつくる

メダカは通常、産卵した卵を水草に産みつけます。しかし水草以上に産卵に適しているのが、シュロでつくった産卵床です。シュロの産卵床はつくり方がかんたんで扱いやすいので、ホームセンターなどでシュロが手に入ったら、ぜひ、手づくりしてみましょう。

卵が産みつけられていたら、シュロごと取り出します

シュロとは

棕《しゅ》櫚《ろ》とは、ヤシ科の木で、九州など暖かい地方に自生しています。木の皮は丈夫で伸縮性のある繊維質なので、煮沸消毒して縄や敷物、ほうきなどに使われます。

シュロの産卵床のつくり方

1. ホームセンターや造園店でシュロを手に入れる。

2. 殺菌するため、シュロを沸騰したお湯で5～10分ほど煮る。

3 やけどをしないように湯を切り、天日で2～3日乾かす。

4 完全に乾いたら、10～15㎝四方の正方形になるように切る。

5 シュロをラッパ型に丸め、針金や結束バンドでとめる。

6 なかに指を入れて大きさを整え、水槽に入れる。

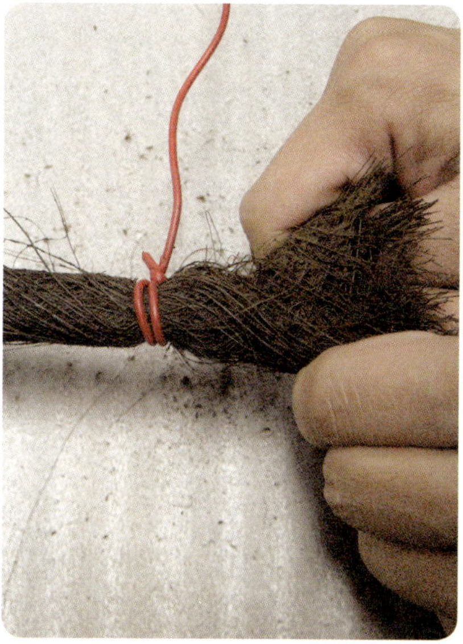

Column

成長記録

メダカを毎日観察して、それぞれの色や形、
成長過程を記録してみましょう。
メダカの数だけコピーして書き込んでくださいね！

ふ化　　日目

月　日

ふ化　　日目

月　日

ふ化　　日目

月　日

ふ化　　日目

月　日

ふ化　　日目

月　日

ふ化　　日目

月　日

chapter
5

野生メダカをつかまえる

メダカは春がきて気温が暖かくなると、水面近くで活動を始めます。
小川のすみや田んぼのあぜ道などを探してみれば、
メダカが泳ぐかわいい姿が見られるでしょう。

5-1

野生メダカと出会う

野生メダカが住むのは川や田んぼなど、人里に近い自然のなかです。

野生メダカがいる場所

戦後、都市開発や下水道整備などで小川や田んぼが減少し、メダカの住みかも失われていきました。また、産地の異なるメダカの放流で生態系が崩れ、今では一部の種が絶滅の危機に瀕しています。
しかし一方で、多くの保護活動や環境保全の努力が実り、今でも小川や田んぼにメダカの姿を見ることができます。メダカをとりすぎたり、異なる産地に放流しなければ、自然のメダカをつかまえて飼育することもできるのです。

野生メダカ（黒メダカ）は素朴で日本的な魅力があり、その地域でしか繁殖しない「純血種」なので愛好家も多くいます。

メダカは流れがゆるやかな浅瀬にいます

メダカに会うための 5 ステップ

STEP 1 場所と行き方を調べる

メダカが生息しているのは、流れのゆるやかな川や、田んぼなど。行き方や交通費、当日の天気なども調べておくと、スムーズに行動できます。車で行く場合は、駐車場の有無も調べておいて。

STEP 2 準備するものをチェックする

メダカをつかまえるために必要なものを用意します。同時に、メダカ用の水と水槽を用意しておくことをおすすめします。メダカを持ち帰ってから行うより、はるかに効率的です。

STEP 3 現地でメダカの姿を探す

現地に着いたら、メダカのいる場所を探します。川の端や小さな段差の下、水草の根元などを、そっと静かにのぞきこんでみれば、メダカの群れがいるはずです。あぶないところもあるので、必ず大人と一緒に行動してください。

STEP 4 さあ、メダカをつかまえよう！

メダカは一度逃げても、もとの場所に戻ってきます。コツをつかめば、たくさんのメダカをつかまえられるでしょう。つかまえるときは、川に茂った水草を踏み荒らしたり、田んぼのあぜ道を壊さないように注意します。

STEP 5 メダカをつかまえたら

たくさんとれても、飼いきれないメダカはもとの自然に返し、むやみに持ち帰らないようにします。採取した場所以外の自然にメダカを戻すことは厳禁です。つかまえたら、最後まで責任を持って飼育してください。

注意！

メダカは淡水魚なので、海にはいません。また、流れの速い川、傾斜の急な川も住みかに適していないので、メダカの姿を見ることはできません。

5-2

場所と行き方を調べる

川や田んぼなど、メダカがいそうな場所がわかったら、
行き方や交通費などを調べます。

いつ、どこに、誰と行く？

都市部や都市近郊では、なかなかメダカの姿を見ることができません。メダカをつかまえるには、流れのゆるやかな川や田んぼの用水路などがある場所まで行く必要があります。しかし自宅から遠い地域だと、朝出発したのに夕方着いてしまい、ほとんどメダカを見られなかったということもあります。メダカの姿が見られる時間帯に到着するために、あらかじめ行き方と所要時間を調べておくことが大切です。天気予報で晴れるかどうかもチェック。雨の日はメダカが姿をかくしてしまい、また川や用水路も増水するので大変危険です。出かけるときは必ず大人につき添ってもらい、子供だけで行動するのはやめましょう。

野生のメダカと会える条件

季節　春〜夏
時間　朝〜夕方
場所　川や田んぼなどの水場

point

①流れがゆるやかな場所
②水が澄んでいて、きれいな場所
③川の端っこや段差の下など、外敵の少ない場所
④産卵や寝床に適した水生植物のある場所

check！ メダカ捕獲作戦最終チェック！

□日帰り、それとも泊まりがけ？
夏休み、田舎のおじいちゃん、おばあちゃんの家に行く機会があったら、メダカをつかまえるチャンスです。

□誰と行く？
子供どうしでは行かず、必ず大人に一緒に行ってもらいます。現地でも、子供だけで行動しないこと。

□自宅から、どのくらいの距離？
メダカが水面で活動するのは、朝から夕方にかけて。自宅からの交通手段、運賃、何時に出ればよいかを確認します。

□駐車場はある？
川の近くには駐車場がなかったり、あっても遠くて大変だったり。前もって、駐車場の有無や位置を確認します。

なんでメダカを放してはいけないの？

たとえば、昔当たり前のようにいた「東京メダカ」は、現在絶滅状態に瀕しています。都市開発などももちろん大きな原因のひとつですが、本来なら東京にいなかったメダカを東京の川に放す人が多かったために、純血統の「東京メダカ」がいなくなってしまったのです。今でも運がよければ東京の川で野生メダカを見つけることはできますが、そのメダカはおそらく東京メダカではないでしょう。もしどこかへ行ってメダカをつかまえたとしても、そのメダカをつかまえた川以外に放すことは、絶対にしないでください。

5-3

持ちもの・服装準備

服装と持ちものを準備します。出かける前に、
忘れものがないかもう一度チェックして。

川や田んぼには、ぬれてもよい服装で

メダカをつかまえるときは、半そで、半ズボンのぬれてもよい服装が適しています。寒くなった場合に着られる上着や、水にぬれたとき用の着替えを持って行くなど、持ちものは臨機応変に対応できるよう準備してください。初夏からは直射日光が強くなるので、熱中症を防ぐための帽子も忘れずに。

半そでのシャツ

長そではそでをまくらなければならないので、半そでが適しています。周囲に草木が茂っている場合は、長そでのほうがよいこともあります。

帽子

夢中でメダカをとっていると、いつの間にか長い時間直射日光に当たっていることも。熱中症を避けるため、帽子は必ず持参します。

サンダル

裸足で川を歩くと、砂利や石が当たって痛いので、履いたままで水に入れるビーチサンダルなどが適しています。

半ズボン

水に入ることもあるので、半ズボンが適しています。周囲に草木が茂っている場合は、長ズボンのほうがよいこともあります。

上着・着替え

水にぬれて体が冷えることもあるので、上着を持っていきます。服がぬれてしまった場合に備え、着替えを持っていくのもおすすめです。

リュック

メダカを入れたバケツやアミを手で持ち歩くため、かばんはリュックサックやバックパックなど、両手が使えるものが最適です。

持っていると便利なアイテム

メダカをつかまえるのに、多くのものは必要ありません。しかし自然のなかに入るときは、突然の天候不良や虫さされなど、もしもの場合に備えた準備が大切です。

◎必須アイテム

○あると便利なアイテム

◎アミ

メダカをつかまえるアミは、白い、目の細かいものが最適です。

○レジャーシート

水辺はぬれているので、荷物を置いたり、腰かけるのに便利です。

○酸素が出る石

つかまえたメダカに酸素を送ります。数日かけて移動させる場合に便利。

◎救急セット

すり傷・切り傷をおいやすいので、ばんそうこうと消毒薬を持参します。

◎バケツ

大きいと持ち運びにくいので、子供用など小さなものを用意します。

◎ペットボトル（2リットル）

空のペットボトルは、つかまえたメダカを運ぶのに最適です。

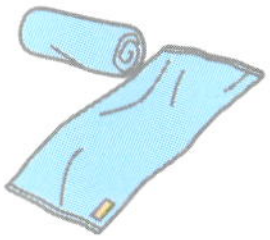

◎タオル

川や田んぼでは水にぬれるので、ハンドタオルより大きいものを。

○虫よけスプレー

近くに山や茂みがあるときは、虫よけスプレーがあると便利です。

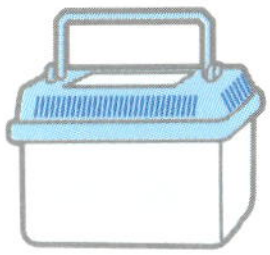

バケツまたは…

◎プラスチックの虫かご

アミ目のない虫かごはメダカを入れたり、バケツの代わりにもなります。

◎じょうご、または半分に切ったペットボトル

ペットボトルにメダカを入れるときは、「じょうご」となるものが必要です。

◎飲みもの、水筒

脱水症状を起こさないために、飲みものは必ず持参してください。

5-4

メダカを探してみよう

**メダカがいそうな場所に着いたら、
まずは周囲を探索してみます。**

水のきれいな浅瀬を探す

メダカは、流れがゆるやかで、水がきれいな浅瀬を好みます。川や用水路の端っこや水草の根元、小さな段差の下などを探してみてください。
メダカに近づくときは、足で波を立てたりしないように気をつけて。メダカが逃げてしまいます。
またずっと同じ場所でメダカを探していると、メダカは警戒してかくれてしまいます。そんなときは場所を変えるか、しばらく時間を置いてから再び探してください。30分もすれば、メダカはもとの場所に戻ってきます。

川で注意すること

最初につき添いの大人が川の状況を確認し、子供が危険な場所に近づかないよう徹底してください。流れの速いところではメダカの姿を見ることができないばかりか、足をとられておぼれる危険があります。また雨が降ったあとや近くにダムがある場合は、急に増水することがあり危険です。子供が川で走ったり、むやみに行動範囲を広げないよう注意します。
川では岩石をむやみに動かしたり茂みを荒らさないようにしてください。

田んぼ、用水路で注意すること

あぜ道や田んぼを決して荒らさないようにしてください。農家の方に出会ったら、挨拶を忘れずに。くれぐれも、田んぼの持ち主や農家に迷惑をかけないよう注意します。周囲への配慮を忘れずに、気持ちよくメダカとりを楽しみましょう。
また、どんなに浅い場所でも、少しの油断が思わぬ事故につながります。必ず大人がつき添って安全を徹底してください。

※ゴミは必ず持ち帰りましょう。

①深いところに注意！

浅く見えても急に深くなっていることがあります。突然足を踏み入れないようにします。

②急流に注意！

流れの速いところには近づかないようにします。

③転倒に注意！

川の石はすべりやすくなっています。

④段差に注意！

段差の下は深くなっていることがあります。走ったりせず、注意深く歩きましょう。

⑤くいや橋げたに注意！

くいや橋げたのまわりは、深くなっていることがあります。

⑥水生生物

サワガニ、ヤマメ、オニヤンマなどが生息しています。

⑦メダカポイント：水草の根元

水草はメダカのかくれ家。根元の部分をよく見ます。

⑧水生植物

コウホネ、アシ、マコモ、ミソハギ、などが生息しています。

⑨メダカポイント：浅瀬

メダカは流れがゆるやかな浅瀬にいます。

⑩メダカポイント：水がきれいなところ

メダカは水がきれいな場所を好みます。

5-5

いよいよメダカをつかまえる

コツをつかめば、メダカをかんたんに
つかまえることができます。

垂直にすばやくすくい上げる

メダカをつかまえるには、まずアミを寝かせて川底に沈めます。しばらくするとメダカがアミの上を通過するので、すばやくアミを持ち上げ、メダカをすくってください。これが一番おすすめの方法です。メダカには保護色機能があり、周囲の色と同化しているので、最初は見つけづらいかもしれません。しばらくすれば目が慣れてメダカの姿がわかるようになるので、根気よく待ちましょう。

1. メダカがいる場所を見つけ、静かに、そっと近づく
2. アミを川の底に沈める。メダカが逃げても、同じ場所で待つ
3. しばらく待っていると、メダカはもとの場所に戻ってくる
4. メダカがアミの上を通過するとき、すばやくアミを持ち上げる

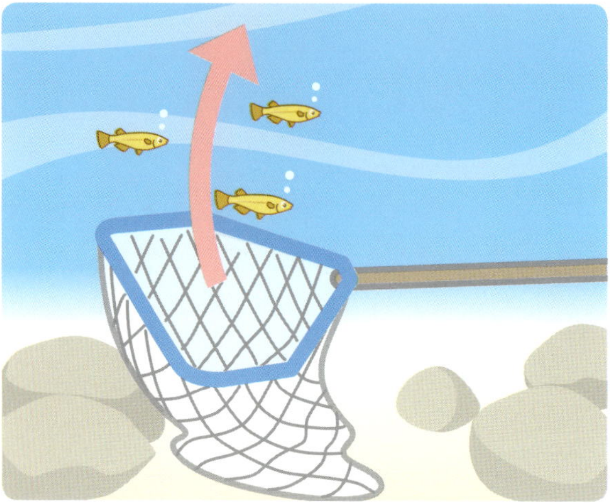

追い込み作戦

アミを持っている人が2人いる場合は、もうひとつのつかまえ方もおすすめです。まず1人がメダカのいる場所へ縦にアミを入れ、動かずにじっと待ちます。しばらくすると逃げていたメダカが戻り、アミの前を通過するようになります。そのとき、もう1人がアミを使って、待機していたアミのなかへメダカを追い込んでください。メダカの背後から、すばやく追い込むのがポイントです。この方法でも、たくさんメダカがとれるはずです。

1. メダカがいる場所を見つけ、静かに、そっと近づく
2. アミを水のなかに入れる。メダカが逃げても、同じ場所で待つ
3. しばらく待っていると、メダカはもとの場所に戻ってくる
4. メダカがアミの前を通過するとき、もう一方のアミで追い込む

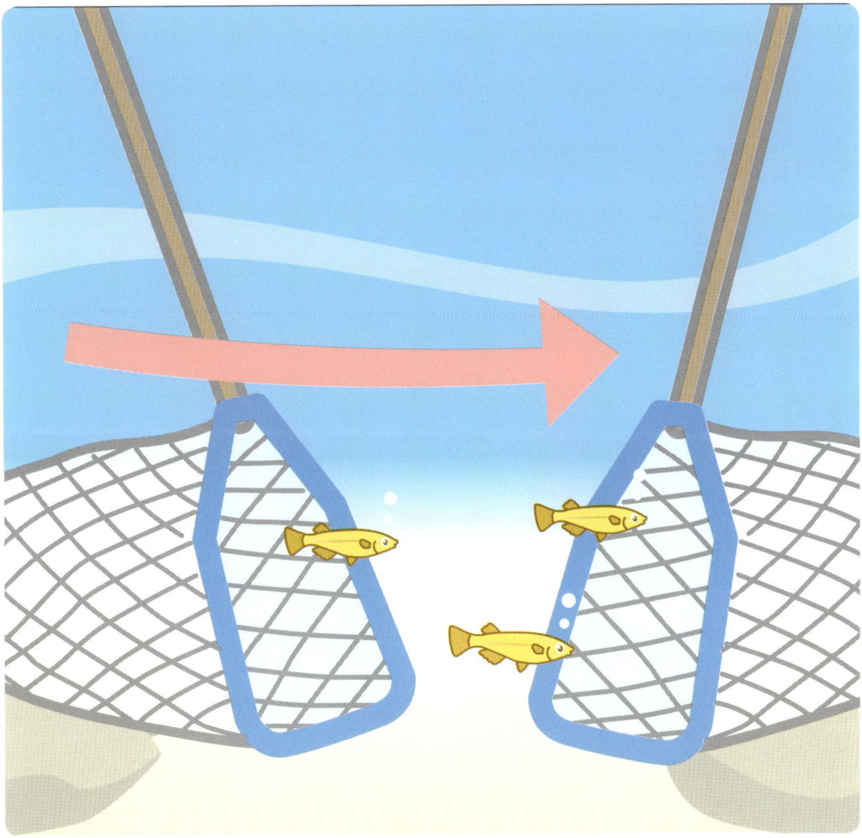

5-6

つかまえたら・・・

**メダカは、飼える分だけをつかまえ、
飼えないメダカはリリースします。**

メダカは飼える分だけを

コツをつかむと、メダカがおもしろいほどたくさんとれるでしょう。そのため、ときにとりすぎてしまうことがあります。しかし、飼えない分はもとの自然に戻してください。「少し多くとっただけ」と思っても、みなが同じことをすれば環境破壊につながります。自宅の水槽は、持ち帰ったメダカ1匹につき1リットルの水が入るでしょうか？　ちゃんと最後まで面倒を見ることができるでしょうか？　メダカをとり終えたら、持ち帰る前にもう一度確認しましょう。

ケガや病気のメダカはリリース

つかまえたメダカをバケツに入れたら、よく観察してください。体が曲がっていたり、傷があったり、綿のようなものがついていないでしょうか。野生のメダカでも、病気だったり、ケガをおっていることがあります。そのようなメダカはもとの環境で自然治癒するのが一番。持ち帰らずにもとの自然に戻します。健康なメダカとそうでないメダカをしっかり見分けましょう。

メダカを連れて帰る方法

ペットボトルの場合

①バケツの水を、ペットボトルに入るくらいの量に調節する

②ペットボトルに、じょうご（または半分に切ったペットボトル）をセットする

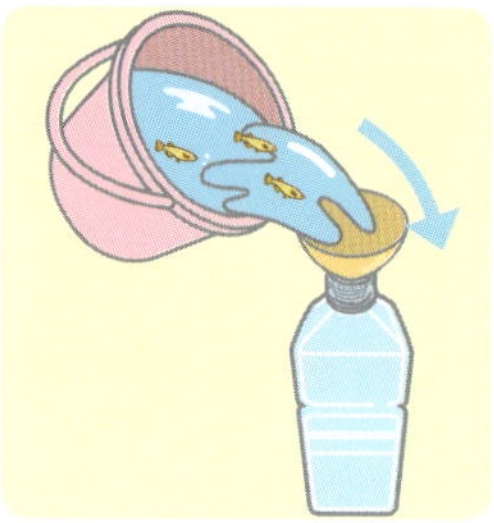

③バケツの水ごと、メダカをペットボトルに入れる

ビニール袋の場合

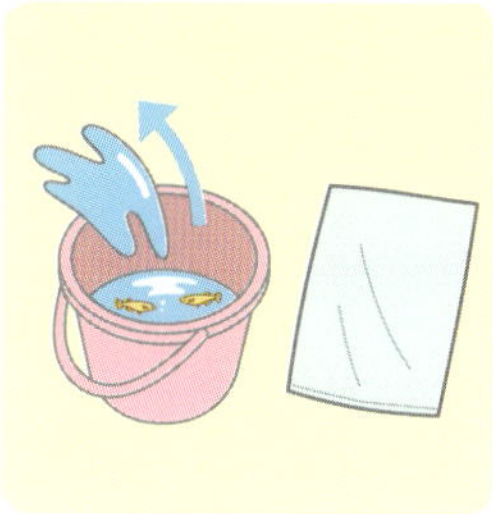

①バケツの水を、ビニール袋に入るくらいの量に調節する

②ビニール袋の角にメダカがはさまらないよう、テープでとめて角をなくす

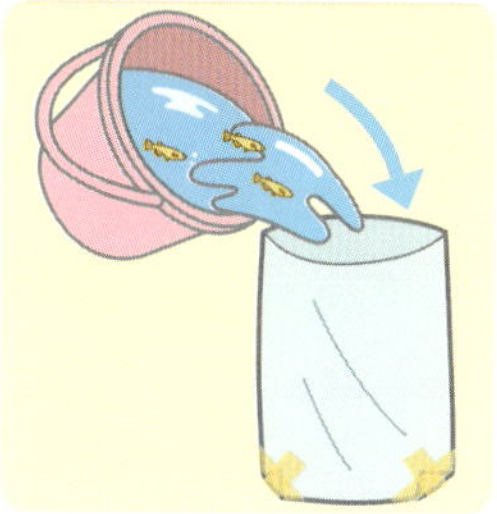

③バケツの水ごとメダカをビニール袋に入れる。空気を入れて口をとじ、ねじってゴムでとめる

ペットボトルでじょうごをつくる

じょうごがなくても、ペットボトルでかんたんにつくることができます。カッターを使うときは、大人にやってもらうか、大人が見ているところでやりましょう。

①空のペットボトルを半分に切る

②ケガをしないよう、切り口にテープをはる

point 1日以上かけてメダカを持ち帰る場合

1日以上かけてメダカを持ち帰るときは、メダカに酸素を与える必要があります。携帯用エアポンプもありますが、おすすめは「酸素が出る石」。水にポンと入れるだけで、酸素が出てきます。専門店やペットショップで安く買うことができ、持ち運びやすいので便利です。

point メダカがケガや病気だった場合

家に着いてからメダカのケガや病気を発見した場合は、もとの環境の水にそのまま入れておき、様子を見ます。自然治癒を待つか、塩水浴させてもよいでしょう。回復するまでは隔離して、ほかのメダカと一緒にはしないでください。

point 水槽や、水が用意できていない場合

家に着いた時点で飼育用の水が用意できていないときは、水と容器が準備できるまで、メダカに待機してもらいます。持ち帰った川や田んぼの水をそのままバケツに入れ、メダカを入れおいてください。くれぐれも、水道水に直接メダカを入れないように。

point 川や田んぼでも、マナーを忘れない

メダカをつかまえるのに夢中になりすぎて、マナーを忘れないように気をつけて。川では岩石をむやみに動かしたり、茂みを荒らさないように。田んぼではあぜ道を壊したり、農家に迷惑をかけないよう注意してください。また、ゴミは必ず持ち帰りましょう。

Column

めだかやドットコム　青木崇浩の

オリジナルレシピ

「かわいいメダカたちに、よいものを食べさせてあげたい…」。メダカを育てていると、どうしても「エサ」にこだわりたくなってきます。
何を与えれば喜んで食べてくれるか、今までさまざまなエサで試行錯誤してきました。魚のエサとして栄養価が高いとされる油かすやゴマ、サナギを与えたこともあります。しかしこれらは栄養価が高い反面、水面に油が浮いて水質を悪化させてしまったので、すぐにやめました。
いろいろと試していくうちに、重要なのは「優れた分散性と、ほどよい浮遊性、そしてメダカの食性にあったエサ」であることがわかりました。私はさらに目の細かさや成分について研究し、ついにオリジナルのレシピを完成させたのです。ここに秘伝のレシピを、ご紹介しましょう！
稚魚用と幼魚用には、メダカの成長促進に重要な役割を果たす天然ベタインを配合し、嗜好性を高めるための各種アミノ酸エキス、甘草粉末、ニンニク粉末スピルニナに加え、各種消化酵素を配合しています。
成魚用は上記に加えて、多くの養魚家や研究機関で効果が確認されているペプチドグリカンを配合し、成魚用粉砕粉と健康維持原料として、お茶粉砕品を配合したもの2種類を用意しています。
いかがですか？　とっても面倒で、大変そうでしょう？
このようなエサの工夫は、何年もメダカを飼育し、十分慣れてきてからでよいと思います。「優れた分散性と、ほどよい浮遊性、そしてメダカの食性にあったエサ」の条件を満たし、かつ手に入れやすいのは、なんといっても「市販のエサ」です。実際のところ、上記のレシピと、市販のエサの栄養バランスにそう大きな違いはありません。私のレシピはあくまで「こだわり」なのです。市販のエサを与えていれば、メダカは十分健康に、いきいきと育っていくでしょう。

稚魚用

幼魚用

成魚用

chapter

6

上級編

これまでに書かれた飼い方をマスターしたら、
あなたはもうメダカ飼育の上級者。
ここからは、さらに詳しいメダカの飼い方や繁殖のしかた、
楽しみ方をご紹介します。

6-1

もっと！ 繁殖させる

**初めての繁殖に成功したら、
もっとたくさん繁殖させる方法にチャレンジ。**

メダカ飼育が楽しくなる繁殖のコツ

メダカが群れで泳ぐ姿は、見ているだけでとても楽しいもの。それが自分の好きな色や形のメダカなら、さらに楽しさは倍増します。もし大きな水槽を用意できるなら、メダカをたくさん繁殖させるのもよいでしょう。上級編では、メダカを確実に繁殖させるためのコツやポイントを学びます。

温度調節で一年中繁殖させる

水槽内のメダカの数は、繁殖させようとしなければほとんど増えません。水槽内に産み落とされた卵や孵化した稚魚は成魚に食べられてしまうことが多く、無事に成長するのはほんの一握りだからです。メダカをたくさん繁殖させたい場合は、水槽設備に工夫を加え、ふ化を手助けする必要があります。つねに水温と日照時間を一定に保ち、通常なら秋冬には冬眠するメダカに「まだ春だから、産卵しよう」と思わせるのです。今までは定期的に水換えをしていればエアポンプやフィルターは不要でしたが、繁殖させるには水質にもさらに注意する必要があります。ただし、このように意図的に産卵させたメダカは、冬眠したメダカより短命になるといわれています。メダカをどのように育てたいかをよく考えたうえで、繁殖を行ってください。

水温を20～25度、日照時間を13時間にする

屋内外ともに、春夏はとくに手を加えずとも、メダカは産卵します。産み落とされた卵を親と別の水槽に移して、卵をふ化させてください。メダカは寒い季節になると冬眠しますが、秋冬も繁殖を続けさせたいときは屋外の水槽を屋内に移し、水温を20～25℃に保ちます。日照時間は、補助照明を使って14～16時間にしてください。日中は、窓辺であれば自然光のみで、補助照明は必要ありません。日が暮れたら「日中の日照時間＋日が暮れてからの補助照明時間＝14～16時間」になるよう、補助照明で光を当てます。またエアポンプで水中に酸素を十分行きわたらせれば、ふ化率はより上昇します。

3日に1回水換えをする

水槽の水換えも、通常より多めに行ってください。繁殖用に水槽を設定していると、メダカは活動し続けます。水が汚れやすくなるので、3日に1回、1／3ほどの水を入れ換えるようにしましょう。フィルターは必要ありませんが、どうしても入れたい場合は、メダカが泳ぐ妨げになるので、水流が強くならないよう注意してください。

卵や稚魚が入り込んで動けなくなるのを防ぐため、水槽に砂利は入れません。

point

- □水槽は屋内に移す
- □水温は20～25℃に保つ
- □補助照明で、日照時間を14～16時間にする※
- □エアポンプで酸素を送る
- □3日に1回、1／3ほど水換えする
- □フィルターの向きに注意
- □底砂利は入れない

※日中の日照時間＋日が暮れてからの補助照明時間＝14～16時間

オフシーズンにも繁殖が楽しめる

メダカは冬眠中、水底や水草の陰でじっと春が来るのを待ちます。つまり晩秋から冬のあいだは、メダカの「オフシーズン」。水槽に水草をかっこよくレイアウトすれば、オフシーズンもインテリアとして楽しめますが、鑑賞には少し物足りないこともあるでしょう。

そんなときも、水槽を上記の繁殖用に設定しておけば、メダカは冬眠の時期も元気に泳ぎ、私たちを楽しませてくれます。ただしオフシーズンに繁殖させた場合と同様に、冬眠しないメダカは冬眠したメダカより短命になるといわれています。鑑賞だけを楽しみたいなら、自然に任せるのが一番かもしれません。

6-2

新種をつくる

**誰にでも生み出せる可能性がある「新種メダカ」。
名付け親はあなたです。**

生まれる子供を予測する

親になるメダカを選んで繁殖させれば、自分の好きな色や形のメダカを増やすことができます。親メダカを選ぶには、まず遺伝の法則を理解して、「この親メダカからは、こんな子メダカが生まれるだろう」と予測することが大切です。

品種改良メダカ

品種改良メダカは、日本の野生メダカにあらわれた突然変異を交配してつくられたメダカです。たとえば純白の体色が美しい「白メダカ」は、野生に突然生まれた白いメダカ同士を交配させ続けることでつくられたメダカなのです。

メンデルの法則

生物の形質の相違は遺伝因子によって決定され、交雑によって生じた雑種第1代には、優性形質だけがあらわれ劣性形質は潜在する（優性の法則）、雑種第2代には優性形質をあらわすものと劣性形質をあらわすものが分離してくる（分離の法則）、それぞれの形質が無関係に遺伝する（独立の法則）という3つの法則があります。

point

メンデルの法則
優性と分離の法則

白メダカ×白メダカ＝白メダカ
赤メダカ×赤メダカ＝赤メダカ
茶メダカ×茶メダカ＝茶メダカ

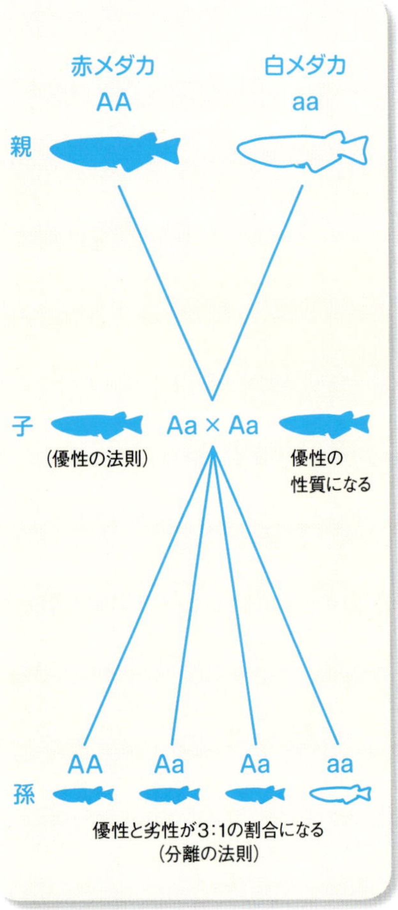

優性の法則、分離の法則

まずオス1匹、メス1匹で交配させた子供を「F1」、その子供どうしを交配させて生まれた子供を「F2」、その子供どうしを交配させて生まれた子供を「F3」といいます。また、子供とその実親を交配させることを「戻し交配」といいます。メンデルの法則では、F1には両親のよいところ、悪いところ両方に優性遺伝があらわれます（優性の法則）。F2は、両親に似た子供と、F1に似た子供に分かれてきます（分離の法則）。F3には、F1とF2の特徴がさまざまにあらわれます。このとき、できるだけ色・形の似かよったメダカを選んで交配することで、親に近いメダカの発生率が高くなります。ただしF4、F5と続けて交配させ続けると弱いメダカになってしまうので、F3までにとどめたほうが安心です。

赤色の強いメダカをつくるには？

たとえば赤色の強いメダカをつくる場合、できるだけ赤色の強いオスとメスを1対1で交配します。するとF1では、赤色の濃いメダカ、薄いメダカが生まれます。このなかから色の濃いもの同士を1対1で交配し、F2をつくります。さらにこのなかから色の濃いもの同士を1対1で交配することで、F3をつくります。このころには、かなり強い赤色の子供が生まれているはずです。

もともとメダカはオレンジ・黒・白・虹色の4色素を持っています。赤系はオレンジなので、純粋な赤色になるには限界があります。どうしても赤色にしたい場合は、途中で薄い黒色を持ったメダカを交配させることで、見た目は赤色に近づきます。このようにしてできた品種改良メダカに、楊貴妃があります。

生み出したい理想のメダカをイメージする

子供メダカの色は、親メダカの色の組み合わせや強弱で決まります。交配させる前に、子供の色がどのように出るかを予測してから、親を選びましょう。

また「メンデルの法則」はオスとメスが1対1となっていますが、実際に家で繁殖させるには、オス1匹に対しメス2匹の組み合わせが理想です。片方のメスと相性がよくない場合も、もう片方のメスが卵を産んでくれるからです。

point 親メダカを選ぶポイント

- □形や色つやのよい、健康体のメダカを選ぶ
- □オス1匹に対しメス2匹を同じ水槽に入れる
- □親の体色から、子供の体色を決める

突然生まれる「新種メダカ」

ここに、あなたが交配用に用意したオスとメスのメダカがいるとします。あなたは自分の理想とするメダカをつくり出そうと、親の色や形から生まれてくる子供をイメージするでしょう。しかし突如として、まったく親とは異なる色・形をしたメダカが生まれることがあります。

誰も知らない、見たことがない「新種メダカ」

現在の品種改良メダカは、さまざまな種類の血が混じっています。そのため過去に受け継いだ遺伝子が、あなたがふ化させたメダカに突然あらわれることがあります。それが、今まで誰も知らない、見たことのない「新種メダカ」である可能性も、大いにあるのです。

名付け親になれる! 「新種メダカ」の定義

新種メダカの定義は、「今までにない色合いや体型をしていること、さらにその個体を再度交配しても、その形質を受け継いだ子供が生まれてくること」です。子供に同形質を受け継がせることを「固定化」といいます。固定化されて初めて「新種メダカ」として認められるのです。鯉や金魚と比べるとメダカの歴史は浅く、誰にでも新種メダカをつくりだすチャンスがあります。これも、メダカ繁殖の面白さです。

6-3

水質を左右するバクテリア

有害な物質を
無害に変える優秀な細菌。

水槽内で大活躍している「バクテリア」

水槽内の水質を左右するのは、バクテリアの活動です。バクテリアとは、細菌のこと。水槽内で、メダカの糞尿や食べ残しのエサの主成分であるたんぱく質を、アンモニアと亜硝酸に分解します。アンモニアと亜硝酸は、メダカにとって非常に有害な物質です。バクテリアは、さらに亜硝酸を硝酸塩という物質に分解します。この工程を、硝化還元といいます。アンモニアや亜硝酸に比べれば、硝酸塩は害の少ない物質です。

水質を浄化してくれる

水質の安定している水槽内では、バクテリアが硝酸塩を分解して炭酸塩に変えます。炭酸塩は硝酸塩に比べると、さらに毒性が低くなります。このようにして、バクテリアは水質を浄化していくのです。
しかし、いくら優秀なバクテリアでも限界があります。水槽を浄化し続けるには、水中のバクテリアのバランスが保たれていることが大切です。

バクテリアの硝化還元

●メダカの糞尿、食べ残しのエサ
→アンモニア、亜硝酸（有毒）
●亜硝酸→硝酸塩（比較的無害）
●硝酸塩→炭酸塩（さらに無害）

ｐｈバランスが大切

炭酸塩でも、一定以上に濃度が高くなると、メダカの酸欠やpHバランスの悪化をひき起こします。水槽のpHバランスが極度に悪化すると、メダカは病気になったり、ショックを起こして死んでしまいます。

バクテリアのバランスを保つために

①食べ残しが出ないように、エサは毎回食べ切れる量を与える
②食べ残しのエサや糞尿がたまらないよう、定期的に水替えを行う
③メダカの過密飼育は避け、「1匹につき1リットル」を守る
④屋内より、屋外のほうが水質が保たれ、飼育しやすい

6-4

卵をたくさんふ化させる

ふ化率を確実にUPさせる方法。

産卵を始めたら

スイレン鉢などでメダカを繁殖させる場合は、親ではなく卵が産みつけられた水草を、別の容器に移動させます。屋外の環境で育った親を室内に移動すると、環境の変化でストレスがかかり、産卵の妨げになるからです。水草を入れる容器も、屋外で管理するのが理想です。

コツ1 オスとメスの相性

メダカがなかなか卵を産まないときは、あせらず10日ほど様子を見ましょう。それでも産まない場合、メダカ同士の相性が悪いのかもしれません。オスかメスを入れ替えます。

コツ2 扱いやすい産卵床

メスは産卵したあと、卵を産卵床に着けていきます。産卵床にはシュロがおすすめですが、シュロがなければ毛糸で作った産卵床にも卵をよく産みつけます。

毛糸産卵床の作り方

①毛糸を用意する。卵がよく見える、黒や紺色がよい
②毛糸を10～20cmほどの箱や本にぐるぐると巻く
③輪になった毛糸を外し、別の毛糸で1ヵ所を結ぶ
④結んだ場所の反対側をカットする
⑤④を、熱湯で5分ほど煮る。もし色落ちしたら、色落ちがなくなるまで煮る
⑥結んだ所に鉛のおもりを装着して、水槽に入れる
※鉛のおもりは専門店で手に入ります。

コツ3 卵を回収する方法①

メスが産卵床に卵を産みつけたら、産卵床ごと別の水槽に入れてふ化させます。産卵床につかなかった卵は水底に落ちますが、水底の卵はメダカが食べてしまうか、残ったままになります。残った卵は細菌が発生しやすいので、アミですくって回収しましょう。カビの生えていない卵なら、産卵床の水槽に入れればふ化します。

卵を回収する方法②

メダカが産んだ卵を、全部回収する方法もあります。メダカのお腹に卵がついているのを確認したら、そのメダカごとアミで静かにすくいます。毛先の柔らかい筆で卵の部分をなでるときれいに取れるので、取れた卵を産卵床に貼りつけ、ふ化を待ちます。ちょっと面倒ですが、慣れてしまえば卵の回収率はぐんと高くなります。

ふ化をはじめたら

コツ1 ふ化直後の稚魚に要注意

メダカの卵は、水温が25度なら約10日、20度なら約13日が経過すると、ぽつぽつとふ化しはじめます。

ふ化したてのメダカは、3日くらいは卵胞という栄養素を持っているので、エサは食べません。しかしふ化後3日～14日は、とても大事な時期。この期間にうまく餌を食べられないと、稚魚はどんどん死んでしまいます。この頃の稚魚はまだ毛髪の切れ端のようで、「毛子」と呼ばれます。毛子には、できるだけ粒子の細かいエサを与えてください。冷凍のワムシなどを与えるのもおすすめです。

人間の赤ちゃんも、消化管が短いため、乳幼児ほど短い間隔でミルクをあげます。どんな動物でも、小さいうちは親に比較して食事の回数は多いのです。野生でも、メダカの稚魚はエサ（ミジンコなど）にありつけなかったり、ほかの生物に食べられてどんどん死んでいきます。でも、これはしかたのないこと。もし自然界でふ化したメダカが全部成魚になったら、小川や田んぼはメダカだらけになってしまいます。生態系は、このようにしてバランスを保っていくのです。

コツ2 稚魚の大きさに注意

ふ化後14日を過ぎると、稚魚は毛髪から針の先ほどの大きさに成長し、針子と呼ばれます。針子まで成長できれば、まだまだ安心はできませんが、最難関は突破したといえます。これからどんどん成長していくでしょう。成魚になるにしたがって、餌やりの間隔を徐々に広げていってください。

稚魚は、1ヵ月ほどたつと、体の大きさにばらつきが出てきます。第1日目に産卵した卵が14日後にふ化し、その頃産卵された卵はさらにふ化まで14日かかるので、成長に個体差が大きくなるのです。大きな稚魚と小さな稚魚の差は倍くらいになることもあり、そのままにしておくと小さな稚魚はいじめられたり、餌をうまく食べられず生き残れないことがあります。大きさに極端なばらつきが見られたら、大きい稚魚をアミですくって別の水槽に移しましょう。このとき、成魚の半分くらいの大きさまで成長していれば、成魚と同じ水槽に入れても大丈夫です。

6-5

メダカの撮影テクニック

自慢のメダカや水槽を撮って
いろいろな人に見せてみましょう。

きれいに撮って自慢する

かわいいメダカが泳ぐ姿や、水草がかっこよくレイアウトされた水槽。できればカメラに写して、いろいろな人に見てもらいたいですよね。コツさえつかめば、メダカの姿をきれいに撮影することができます。ぜひトライして、素敵な写真を撮ってください。

今の水槽にメダカを入れたまま、写真を撮る

1. **光を、水槽の真上かうしろから来るように設定する**

   光源は蛍光灯でも、日光でも可能。電球の色は「白色」が理想です。

2. **水槽の両サイドから光を当てる**

   電気スタンドで十分です。電球の色は「白色」が理想です。

3. **メダカが目立つよう、水槽の後ろに黒い布や紙を置く**

   もともと背面が黒い水槽もあります。黒いメダカの場合は必要ありません。

4. **カメラを「接写（マクロ）モード」にする。**

   ためしに指を2～3㎝離れたところで撮影し、ピントを合わせておきます。

5. **カメラを固定し、撮影する**

   メダカが2～3㎝の距離にやってきたら撮影します。ストロボはたきません。

写真撮影専用水槽にメダカを移し、写真を撮る

1. **できるだけ小さな水槽を用意する**
   メダカがあまり移動できないくらいの大きさが理想です。※

2. **撮影用水槽に、もとの水槽の水とメダカを入れる**
   撮影したいメダカを1匹アミですくい、水槽にそっと入れます。

3. **光を、水槽の真上かうしろから来るように設定する**
   光源は蛍光灯でも、日光でも可能。電球の色は「白色」が理想です。

4. **水槽の両サイドから光を当てる**
   電気スタンドで十分です。電球の色は「白色」が理想です。

5. **カメラを「接写マクロモード」にする**
   ためしに指を2〜3㎝離れたところで撮影し、ピントを合わせておきます。

6. **カメラを固定し、撮影する**
   メダカが2〜3㎝の距離にやってきたら撮影します。ストロボはたきません。

※ 撮影用水槽の大きさは、およそ縦10㎝×横10㎝×幅5㎝が理想です。しかし専門店でもそれほど小さなものはなかなか置いていませんので、似たようなアクリルの容器などで代用してもよいでしょう。ただし小さい水槽にメダカを入れるとストレスになるので、長時間の撮影は避けてください。

ブログでメダカ仲間をつくる

メダカの写真は、きれいに撮れましたか?　ブレずにメダカの姿を撮影するには多少の根気と慣れが必要ですが、よい思い出になりますので、ぜひ挑戦してほしいと思います。それに多少ブレていても、メダカのかわいさはちゃんと伝わります。あまり気にしすぎないようにしてくださいね。

もしインターネットができる環境なら、メダカの写真をブログに掲載するのもいいですね。

世の中にはさまざまなメダカのコミュニティがあります。あまり目立ちませんが、みんな活発に情報交換して、活動を楽しんでいます。

私もメダカ専門サイトを立ち上げてから、多くのメダカ仲間と出会い、交流してきました。インターネットのなかだけでなく、実際に会い、話をするなかで「世の中にはこんなにもメダカを愛し、メダカのために活動している人がいる」と深く感動し、ますますメダカに夢中になっていったのです。

ブログ以外にも、メダカ専門店を訪れてみたり、さまざまな地域でつくられている「メダカを保護する会」に参加してみるのもよいでしょう。メダカを通じていろいろな人とふれあい、その喜びを分かちあってもらえたら、私も幸せです。

おわりに

これさえ守れば、
無駄に死なせることなく飼育ができる

私の夢は、これからメダカを飼育してみたい方々や、実際にメダカを飼っている方々のよき参考になること、そして世界でもまれにみる、日本独特の美しい色合いを持つメダカを普及させる先駆けになることです。

メダカの飼育はとても奥が深く、100パーセント正しい方法はありません。毎日のように水換えを行う人や、数ヵ月も水換えを行わない人もいます。そのような人は、換える水の微妙な量を体で覚えていたり、バクテリアが水槽内で定着する環境づくりを行っているなど、かなりの上級者です。

この本に書かれているのは、メダカ飼育の基本的なことです。私の実体験や、これまでのさまざまな研究結果に基づき「これさえ守っていれば、メダカを無駄に死なすことなく飼育できる」基本の飼育法が書かれています。この本を参考に、みな様が楽しみながらメダカを育て、メダカをさらに愛するようになって頂ければと、切に願っています。

この本が無事完成したのも、私が敬愛するメダカのパートナーである丸橋俊雄さんの温かいご指導、そしてメダカ業界のみな様のご助力があったからです。この場を借りて、お礼申し上げます。

協力店舗:めだかの館

協力者:丸橋俊雄

写真提供:西澤登美男

写真提供:プラ舟のめだか　http://medakaya5.exblog.jp/

参考図書:

「アクアリウム・シリーズ　ザ・日本のメダカ
　心をいやす日本のメダカの飼育」　小林道信　誠文堂新光社
「アクアリウムでメダカを飼おう!
　ー水槽で楽しむ日本メダカー」　小林道信　誠文堂新光社
「手に取るようにわかるメダカの飼い方」　森文俊著　株式会社ピーシーズ
「メダカの飼い方　ふやし方」　月刊アクアライフ編集部編　マリン企画
「カラー自然シリーズ35　メダカ」　酒泉満・久保秀一共著　偕成社
「講談社カラー科学大図鑑　ザリガニ・メダカ」　種村ひろし著　講談社

監修
めだかやドットコム　青木崇浩
1976年東京生まれ。中学生時代にクラスでメダカを飼育したことをきっかけに、メダカに魅了される。大学卒業後改良メダカと出会い本格的にメダカの研究を始める。2004年にメダカ総合情報サイト「めだかやドットコム」を立ち上げ日本全国に改良メダカの素晴らしさ、楽しさを紹介。多くのメダカ愛好家に支持され日本改良メダカ普及の第一人者として知られる。現在、野生の川メダカは絶滅危惧種に指定され、この現状を憂いさまざまな保護活動を積極的に支援している。将来的には世界にメダカのかわいさ、美しさを広める夢を抱いている。
めだかやドットコム　http://www.medakaya.com/

編集制作　ナイスク（松尾里央・井原一樹・阿部真季）
http://www.naisg.com/
カバーデザイン　CYCLE DESIGN
本文デザイン　GLOVE（遠藤亜由美　・利根川裕）
イラスト　二平瑞樹
執筆　瀬尾ゆかり
校正　peckpock

メダカの飼い方と増やし方がわかる本
2010年５月１日　初版第１刷発行
2024年７月10日　初版第21刷発行

監修者●青木崇浩
発行者●廣瀬和二
発行所●株式会社 日東書院本社
〒113－0033
東京都文京区本郷1－33－13　春日町ビル5F
TEL●03－5931－5930（代表）
FAX●03－6386－3087（販売部）
URL●http://www.TG-NET.co.jp

印刷　大日本印刷株式会社　製本　株式会社セイコーバインダリー

ISBN978-4-528-01724-5 C2062